BIBLIOTHÈQUE
RURALE
INSTITUÉE PAR LE GOUVERNEMENT.

TRAITÉ ÉLÉMENTAIRE
DES
ENGRAIS ET AMENDEMENTS.

BRUXELLES.
1851

STAPLEAUX
éditeur.

1re SÉRIE, N° 13.

BIBLIOTHÈQUE RURALE

INSTITUÉE

PAR LE GOUVERNEMENT.

—◆—

TRAITÉ ÉLÉMENTAIRE DES ENGRAIS

ET AMENDEMENTS.

—

ENGRAIS DE FERME.

TRAITÉ ÉLÉMENTAIRE

DES

ENGRAIS ET AMENDEMENTS

PAR

M. FOUQUET,

DIRECTEUR DE L'ÉCOLE D'AGRICULTURE DE TIRLEMONT.

ENGRAIS DE FERME.

BRUXELLES.

G. STAPLEAUX, IMPRIMEUR-ÉDITEUR,

RUE DE LA MONTAGNE, Nº 51.

1851

AVANT-PROPOS.

Parmi les questions agricoles qui, depuis bon nombre d'années déjà, préoccupent les savants et les agronomes, c'est, sans contredit, celle des engrais qui a le plus spécialement fixé leur attention. Quel sujet est du reste plus digne, à tous égards, d'appeler les recherches, de provoquer les expériences, que ces précieux agents de la production? Ne constituent-ils pas la matière première, ne sont-ils pas la base la plus solide de l'industrie agricole?

Malgré les nombreuses publications auxquelles cette multiplicité de recherches a donné naissance depuis le commencement de ce siècle, rien ne dénote un progrès bien marqué dans cette partie importante de l'économie rurale; les mêmes abus persistent, on suit aujourd'hui à peu près les mêmes errements qu'il y a vingt ans, et pour s'édifier sur ce point il suffit de parcourir nos campagnes. Ces résultats négatifs n'ont rien de surprenant. Les occupations nombreuses de l'agriculteur ne lui permettent pas de lire beaucoup, il faut donc s'abstenir de lui adresser des ouvrages volumineux; les traités destinés au praticien doivent en outre être conçus dans un style simple, débarrassés du langage scientifique et être mis à la portée de toutes les bourses par la modicité de leur prix. C'est avec l'espoir de combler une lacune que la *Bibliothèque rurale* publie ce petit *Traité sur les engrais de ferme*.

Il nous paraît utile de marquer notre point de départ par une esquisse rapide de l'état actuel des choses. Cet exposé sommaire fera comprendre la nécessité de l'ouvrage que nous présentons aujourd'hui à nos cultivateurs, montrera à chacun par où il pèche et les résultats avantageux que quelques soins intelligents peuvent introduire dans l'économie d'une exploitation.

Dans la plupart de nos fermes, les fumiers, à leur sortie des étables, écuries, etc., sont jetés dans un coin de la cour où on les accumule jusqu'au moment du transport sur les terres arables. Dans cet intervalle, les poules et les oiseaux de basse-cour se jettent sur les tas et s'y livrent à un gaspillage que l'on tolère sous le spécieux prétexte que ces animaux détruisent les semences de mauvaises herbes, les vers et les larves d'insectes !

Les eaux pluviales, celles qui s'écoulent des toi-

tures, tombent sur la masse du fumier, qu'elles imprègnent et délavent pendant cinq ou six mois de l'année et s'échappent ensuite sous la forme d'un liquide
plus ou moins foncé, brun noirâtre, qui tient en
dissolution ou en suspension les matières les plus
riches, les principes les plus fertilisants, ceux enfin
qui constituent réellement la force active des engrais.
Ces eaux de fumier restent en stagnation dans les
cours qu'elles rendent boueuses et infectes, à moins
que l'on n'ait eu la malencontreuse précaution de
leur ménager une issue sur la voie publique ou les
chemins d'exploitation, à l'amélioration desquels, on
en conviendra, elles ne contribuent guère! Mais les
pluies ne tombent pas d'une manière continue, elles
s'interrompent pour se renouveler à des époques plus
ou moins rapprochées et chaque fois qu'elles se répè-
tent, elles font subir au tas les mêmes détériorations,
ce qui amène infailliblement leur épuisement complet; de sorte qu'au moment du transport sur les
terres arables, il ne reste plus qu'une masse pailleuse,
dépourvue de toutes ses propriétés. Ajoutons que
dans certaines fermes, pour éviter l'afflux d'une forte
quantité de liquides, on dépose les fumiers sur une
élévation ou sur un terrain en pente, ce qui hâte le
résultat fàcheux constaté plus haut. Ailleurs, lors de
leur extraction des bàtiments, les fumiers sont voiturés
dans une fosse dont la profondeur varie, où peuvent
se réunir les eaux qui s'écoulent des toitures et fréquemment celles qui arrivent du dehors. Il en résulte

que souvent le tas est littéralement plongé sous une eau qui finira par déborder entraînant avec elle une masse de principes fertilisants et qui, dans tous les cas, est toujours contraire aux bonnes qualités des engrais. Les fosses, du reste, sont établies sans aucun soin, sur un terrain perméable où une notable portion des jus de fumier peuvent pénétrer.

Les engrais, dans beaucoup de nos fermes, sont donc exposés à toutes les causes susceptibles de diminuer leur valeur. Si une certaine dose d'humidité est indispensable à leur bonification, une eau surabondante leur est nuisible. Sous l'influence de la chaleur, les fumiers se dessèchent par l'évaporation, les réactions cessent de se produire et les engrais gagnent ce que l'on appelle le *blanc*, caractère certain de leur détérioration. Parfois l'humidité se trouve en quantité suffisante pour provoquer une fermentation énergique qui, n'étant aucunement tempérée, aboutit encore à une perte considérable de principes fécondants. En résumé, la plupart de nos cultivateurs traitent leurs fumiers sans soins, sans aucune précaution; aussitôt sortis des étables, ceux-ci sont abandonnés à eux-mêmes jusqu'au moment du transport sur les champs et dans cet intervalle ils subissent les pernicieux effets de la chaleur qui les brûle et de l'humidité excessive qui les épuise.

On se préoccupe beaucoup aujourd'hui de réduire le volume et le poids des engrais dont les charrois exigent toujours des dépenses considérables; mais il est difficile d'arriver à ce résultat en conservant aux matières fertilisantes toutes leurs propriétés, toute leur énergie. Cependant, en les soumettant à un traitement judicieux et rationnel, en les privant d'une humidité surabondante qui augmente inutilement leur poids, en graduant la fermentation avec sagacité et intelligence, on approche du but désiré. C'est ce que ne comprennent pas encore nos praticiens, et cependant, avec un peu d'attention, avec quelques soins, ils obtiendraient des engrais meilleurs et relativement aux produits de leurs terres, ils diminueraient notablement les frais de transport, ce qui au point de vue économique, n'est pas du tout à négliger. Ce sont là des vices d'administration dont le cultivateur est la première victime et dont le pays tout entier ressent les effets. Cette assertion se justifie sans commentaire.

Parlerons-nous ici de ces amas d'engrais déposés le long des grandes routes, des chemins vicinaux, aux abords des terres arables, où ils sont exposés pendant plusieurs mois de l'année au froid, au chaud, à l'humidité, à la sécheresse, à toutes les fluctuations atmosphériques? Quels soins peut-on apporter à ces fumiers éloignés, bien souvent, de plusieurs kilomètres du centre de l'exploitation? Et tous ces procédés vicieux se perpétuent au grand détriment de la production agricole!

Mais là ne s'arrête pas le mal : Comme nous l'avons établi précédemment, on perd de grand cœur tous les purins et les jus de fumier qui s'arrêtent **sur la** voie publique en flaques boueuses ou se déversent dans des mares infectes auxquelles on donne le nom d'*abreuvoirs*. C'est ce que l'on peut facilement constater dans nos villages. Tous les animaux de l'endroit s'y rendent chaque jour pour s'y désaltérer, mais ils n'y trouvent évidemment qu'une boisson malsaine, fort peu hygiénique. Ce breuvage excitant à cause de la grande quantité de substances salines qu'il tient en dissolution, produit des effets délétères sur les parois intestinales, qui deviennent le siége d'affections inflammatoires très-dangereuses et font éprouver chaque année à l'agriculture des pertes considérables. Certains cultivateurs soutiennent que cette eau n'est nullement nuisible ou que, tout au moins, le bétail s'y habitue aisément et ne s'en trouve nullement incommodé. Cet argument n'est pas de nature à apaiser nos appréhensions et nous sommes persuadé que les animaux, en faisant usage d'une boisson saine, jouiront d'une santé meilleure et seront moins exposés **aux** maladies dangereuses qu'en ingérant un liquide impur.

Pendant la belle saison, les berges de ces mares se découvrent peu à peu, la vase est mise à nu, et comme le dépôt abandonné par le liquide évaporé est très-riche en matières organiques, la putréfaction ne tarde pas à s'y déclarer. L'atmosphère se charge alors de miasmes, de gaz fétides et devient insalubre pour les êtres vivants. Ces abreuvoirs se changent ainsi en véritables foyers d'infection. Et remarquons-le bien, ces substances salines qui rendent le breuvage des animaux âcre et excitant, ces miasmes qui vicient l'air, pourraient, recueillis et conservés avec intelligence, pourvoir à la nutrition végétale, au grand avantage des récoltes.

Nous demandons donc l'abolition des procédés actuels de conservation des engrais, au triple point de vue de la santé des populations rurales, de l'hygiène des animaux domestiques et de la fécondité du sol.

Voilà certainement l'esquisse d'un bien triste tableau pour les véritables amis de l'agriculture. Et, chose étrange ! contradiction manifeste ! les cultivateurs se plaignent de la pénurie d'engrais, alors qu'ils laissent perdre la majeure partie de ceux dont ils disposent ! C'est là une anomalie incompréhensible, si l'on admet qu'ils possèdent des connaissances suffisantes sur la véritable nature et la valeur réelle des différentes parties constituantes des engrais. Pour notre propre compte, nous pensons qu'il règne à cet égard beaucoup d'idées fausses dans nos campagnes, et le devoir nous impose l'obligation, autant qu'il est en notre pouvoir, de concourir à les faire disparaître. Mais afin d'atteindre plus sûrement notre but, nous ferons appel aux propriétaires, dont l'intervention est toute-puissante pour la réalisation des bonnes pratiques. Ils disposent d'une influence dont ils peuvent et doivent faire usage ; les besoins croissants de la société leur font un devoir de veiller aux opérations de leurs fermiers. Que d'ailleurs ils n'oublient pas que la suffisance des denrées alimentaires est une garantie d'ordre pour le pays; que la misère et la faim jouent un grand rôle dans les perturbations politiques. Tant que les classes laborieuses ont du travail et du pain, elles ne pensent pas à se soulever, et les menées des mauvaises passions ne rencontrent pas d'écho chez elles.

Dans ce volume nous ne nous occuperons que des fumiers de ferme; ce sujet nous a paru assez important pour mériter un traité spécial. Cependant, comme le sol, convenablement préparé, puise dans l'air des éléments de fécondité, nous avons cru être utile à nos lecteurs en faisant précéder ce que nous avons à dire des fumiers proprement dits, par quelques considérations sur les matières fertilisantes dont l'atmosphère est le réservoir. Désirant être compris par tout le monde, nous avons soigneusement écarté de notre travail les discussions et les expressions scientifiques; nous nous sommes borné à exposer les faits, fruit de l'observation des praticiens, et à en tirer des inductions profitables à nos cultivateurs. Puisse ce petit traité être de quelque utilité à nos campagnes !

TRAITÉ ÉLÉMENTAIRE

DES

ENGRAIS ET AMENDEMENTS.

PREMIÈRE PARTIE.

LES FUMIERS OU ENGRAIS DE FERME.

§ Ier.

Engrais atmosphériques.

L'atmosphère qui nous enveloppe est un immense réservoir de principes fertilisants. Quoiqu'ils ne soient pas soumis directement à la volonté de l'homme comme les engrais de ferme, quoique le cultivateur ne puisse pas les entasser dans ses véhicules pour les voiturer ensuite sur les champs, leur existence ne saurait être révoquée en doute. Si ces matières ne sont pas palpables et maniables comme nos fumiers, leurs effets sont tellement frappants que l'observateur même le plus vulgaire ne se refusera pas à les admettre, pour peu qu'il consente à ouvrir les yeux et à apporter la réflexion dans l'examen de ce qui se passe continuellement autour de lui.

Beaucoup de nos praticiens recueillent encore bien

des résultats médiocres, nous en sommes convaincu, par le seul fait de l'ignorance où ils sont plongés à cet égard ; c'est ce que nous espérons faire comprendre en examinant quelques pratiques très-connues, certaines opérations usitées dans les localités où la terre est renommée pour sa production.

Quelle est, dans les contrées où les procédés de culture ont atteint un certain degré de perfection, la première occupation du cultivateur sitôt que les champs sont débarrassés des récoltes? Dès que la moisson est terminée, il se hâte de rompre la croûte superficielle du sol qui s'est durcie pendant la belle saison; il opère ce que l'on appelle un *déchaumage*. La terre, ainsi entamée par le soc, augmente de surface et se laisse pénétrer par la pluie, le soleil, l'air et tous les agents atmosphériques. Ces laboureurs ont probablement de bons motifs pour se créer ce surcroît de besogne, et s'ils n'avaient reconnu les heureux effets d'un semblable procédé, nul doute qu'ils n'en eussent abandonné l'exécution depuis longtemps; mais ils savent fort bien que la récolte subséquente est avantageusement affectée par cette préparation et qu'ils sont amplement rémunérés de leurs peines par des produits plus abondants.

Celui qui travaille des terres fortes connaît toute l'importance des labours exécutés avant l'hiver; il sait quelle est l'influence de la gelée sur la compacité des terres argileuses : les champs qui, après le labour, offrent une surface motteuse, parsemée de gros blocs de terre, sont complétement nivelés au printemps; on dirait que toutes ces inégalités se sont fondues sous l'action énergique des influences atmosphériques. L'ameublissement qui en résulte présente déjà des avantages incontestables; mais là ne se borne pas tout l'effet utile : pour s'en convaincre, on n'a qu'à opérer, au moyen des instruments, l'ameublissement d'une pièce de terre située à côté d'une autre de même nature, mais qui aura été travaillée avant l'hiver; on pourra s'assurer qu'à fumure égale, la récolte est plus abondante sur la portion de terre labourée en automne. La terre ainsi divisée par la gelée, a été pénétrée dans tous les sens par les éléments de l'air; chacune de ses particules s'est trouvée en contact avec les principes fertilisants que l'atmosphère renferme, et ceux-ci ont pu se condenser dans les interstices qu'elles laissaient entre elles; si nous osions nous servir d'une comparaison un peu hasardée pour rendre le phénomène, nous dirions que le sol se comporte, par rapport aux éléments répandus dans l'atmosphère, comme l'éponge à l'égard du liquide dans lequel on la plonge.

Quand on désire approfondir la couche arable et ramener une partie du sous-sol à la superficie, l'expérience a démontré qu'il fallait procéder à cette opération en automne, afin d'exposer à l'action de l'air la couche nouvellement entamée. En procédant différemment, à moins d'avoir à sa disposition une grande quantité d'engrais, on s'expose à diminuer le produit des récoltes pour un certain laps de temps. Quand on opère en temps opportun, les parties neuves absorbent avec avidité les éléments fécondants de l'air, et leurs propriétés nuisibles sont neutralisées, détruites.

Mais examinons une pratique que l'on rencontre encore dans quelques localités de la Belgique et qui naguère y était très-répandue, la jachère. Celle-ci permet la destruction des mauvaises herbes accumulées par la culture des céréales qui ont occupé le sol pendant deux années consécutives. Pendant cet intervalle, la terre, ayant reçu peu de préparations, s'est considérablement durcie, et les labours réitérés qu'on lui donne ont pour objet son ameublissement. Mais croit-on que la jachère, outre la destruction des mauvaises herbes et la pulvérisation du sol, ne procure pas encore d'autres résultats avantageux? Les parties constituantes du sol ne sont pas toutes ténues et déliées, on y rencontre des débris minéraux plus ou moins volumineux, plus ou moins cohérents, de la même nature que la terre au milieu de laquelle on les trouve, et qui, pour arriver à son état de division, exigent un temps assez long. Cette réduction en éléments terreux pulvérulents a lieu sous l'action combinée de la pluie, du soleil, de la gelée, etc., etc. Si ces débris minéraux sont enfouis à une certaine profondeur, il est évident que l'influence des agents atmosphériques sera moins sensible; peut-être même sera-t-elle nulle. Il en est tout autrement quand, par des labours répétés, on ramène ces fragments à la surface où ils subissent le contact de l'air; alors ils se délitent, comme on dit, ils se désagrègent et de nouveaux éléments minéraux sont mis à la disposition des plantes.

Par les travaux nombreux que l'on donne au sol pendant l'année de jachère, il s'ameublit, devient poreux; chaque parcelle, chaque molécule terreuse peut recevoir l'action de l'air et des principes qu'il renferme et les retenir, s'en imprégner et soutirer ainsi à l'atmosphère des éléments de fécondité qui répareront une partie de la richesse enlevée par les récoltes. Aussi l'expérience a-t-elle constaté qu'il faut un quart ou un cinquième moins de fumier pour fumer une jachère que si la terre avait été occupée par la récolte la moins épuisante, à moins que celle-ci n'ait laissé dans le sol des débris considérables. Tout le monde a pu remarquer, comme le dit Schwertz, qu'une jetée étroite de terre argileuse, qui, après avoir subsisté longtemps, est détruite et cultivée, devient plus fertile que le champ voisin qui a fourni la terre pour la former. Il faut donc nécessairement que cette fertilité provienne de l'atmosphère qui agissait sur les deux surfaces de cette jetée.

Les lignes qui précèdent n'ont pas pour but de défendre la jachère, nous constatons uniquement quelques-uns de ses effets. Il n'entre pas dans notre cadre de traiter de son application, de dire dans quelles conditions elle peut être avantageuse, dans quelles circonstances elle doit être repoussée.

Le cultivateur soigneux qui traite ses terres d'une manière convenable, peut donc faire concourir l'air, qui ne lui coûte rien, à la production de ses champs ; il lui est facultatif de puiser une partie des éléments constitutifs de ses récoltes dans le grand réservoir au milieu duquel il est placé. Et ne négligeons pas de signaler ici cet avantage immense que les principes fécondants puisés dans l'atmosphère, dont le concours est acquis à l'agriculteur s'il travaille judicieusement son sol, non-seulement ne coûtent rien à produire, mais n'exigent aucuns frais de transport.

Nous ne pouvons terminer ce chapitre sans rapporter une observation de notre excellent agronome Van Aelbroeck : « Les Flamands, dit-il, comptent sur une bonne moisson et particulièrement sur une bonne récolte de lin quand il tombe beaucoup de neige en hiver. Ils n'appuient cette opinion que sur l'expérience. Mais ne pourrait-on demander si la cause de cette fécondité n'est pas que les flocons descendant avec lenteur et sans effort vers la terre, et ayant une certaine étendue, entraînent avec eux toutes ces matières fécondantes et les déposent sur le sol ; opinion qui se confirme par ce fait, que jamais l'air n'est plus pur et plus serein qu'après des neiges abondantes?

« Je fis un jour, continue-t-il avec bonhomie, ces questions à un amateur de pareilles recherches : celui-ci me répondit :

« En effet, vos observations semblent renfermer quelque vérité. Un jour qu'il neigeait fort, je plaçai en plein air un grand bassin de pierre, bien nettoyé de toute poussière ; la neige tombait en grande quantité ; en peu de temps le bassin fut rempli ; je le fis couvrir aussitôt d'une grande toile. Le temps se radoucit et en deux jours toute la neige se trouva fondue. Je laissai reposer l'eau encore deux jours et je la fis couler doucement, au point de vider le bassin. Je vis alors clairement au fond du bassin une matière grasse ou visqueuse, laquelle ne pouvait être arrivée là que par la neige, qui l'avait sans doute entraînée dans sa chute. »

Les matières en suspension dans l'atmosphère ne sont pas toujours à l'état gazeux, il s'y rencontre aussi des substances solides d'une grande ténuité et que, dans certaines circonstances, on distingue parfaitement. Tout le monde, en effet, a pu remarquer que, quand on se trouve dans une chambre où pénètrent quelques rayons de soleil par une fente, une ouverture quelconque, on aperçoit, dans la partie de l'appartement éclairée par la gerbe lumineuse, une foule de petits corpuscules excessivement déliés qui montent, descendent et subissent diverses évolutions. La couche de poussière fine qui se forme sur les meubles des appartements est due à la présence de ces corpuscules dans l'air, qui les dépose avec d'autant plus de rapidité que la ventilation est moins active.

Pour peu qu'on réfléchisse à ce qui se passe constamment autour de nous, la présence dans l'atmosphère d'une foule de gaz, de matières minérales et métalliques, ne doit nullement surprendre ; en effet, quelle immense quantité de corps sous différents états ne doivent pas projeter dans l'air les hauts fourneaux, les cheminées de nos usines, les foyers de nos habitations ? Le passage suivant, extrait de l'ouvrage de Schwertz sur les engrais, en donnera une idée :

« D'après les calculs de Reden, dit-il, les mines de Clausthal livraient annuellement aux fourneaux 124,000 quintaux de minerai, 120,000 de charbon, 50,000 de bois à brûler, desquels il ne restait en matières, telles qu'argent, cuivre, plomb, scories, etc., que 79,200 quintaux ; il se perdait, par conséquent, chaque année 214,800 quintaux de matières en vapeurs. M. de Reden estimait le résidu palpable des 170,000 quintaux de charbon et de bois à 1,000 quintaux ; d'où il suit que les matériaux à brûler perdaient 169,000 quintaux et les matières minérales 45,800 quintaux convertis en vapeurs. »

On comprend que les changements de température, la chute de la pluie, de la neige, etc., etc., ramènent ces matériaux au sol qui en profite et les utilise pour les besoins des récoltes.

Il ne faut pas perdre de vue que la nourriture des plantes doit leur être présentée à l'état liquide pour être apte à pénétrer le tissu si serré des racines ; tous les corps répandus dans l'air étant à un état de division extrême, sont dans des conditions très-favorables pour éprouver une foule de combinaisons, se dissoudre dans l'eau et concourir à la nutrition des récoltes. Qui n'a remarqué la vigueur que les pluies d'orage impriment à la végétation au printemps ? Il est vrai que, pendant la belle saison, les pluies sont le plus fréquemment accompagnées d'un dégagement considérable d'électricité qui n'est pas sans influence sur la croissance des plantes, mais leur vertu fertilisante ne peut être rapportée à cette dernière cause seule.

Nous devrions naturellement parler ici de l'eau et lui consacrer un paragraphe spécial; examiner le rôle qu'elle joue dans les phénomènes de la végétation, soit par elle-même, soit par les matières qu'elle entraîne ou qu'elle tient en dissolution; indiquer au cultivateur les causes qui lui communiquent des propriétés nuisibles et les procédés employés pour faire disparaître ces dernières; mais comme la *Bibliothèque rurale* contient un volume où ces détails trouvent naturellement leur place, nous n'aborderons pas ce sujet et nous passerons immédiatement à l'étude des différents engrais employés généralement dans les exploitations rurales.

§ II.

Considérations générales sur les engrais de ferme.

Ces engrais, plus généralement connus sous le nom de *fumiers,* sont constitués par les déjections de nos animaux domestiques, mélangées à une proportion plus ou moins forte de débris végétaux servant de litière. A cet effet, on se sert ordinairement des pailles de céréales qui s'imprègnent facilement des excrétions liquides et finissent par former avec les excréments solides, après être restés en tas pendant un certain laps de temps, une masse homogène dans laquelle souvent on distingue à peine les débris végétaux.

L'importance de ces engrais et l'universalité de leur emploi exigent que nous leur accordions un examen tout spécial ; il faut que l'on indique à l'agriculteur les causes susceptibles d'augmenter ou de diminuer la valeur de ces précieux agents de la production.

On emploie à la fertilisation du sol une foule d'autres matières que celles dont nous nous occupons ici ; mais il est bien peu d'agriculteurs qui peuvent se dispenser d'entretenir du bétail pour se procurer l'engrais nécessaire à leur culture. Les circonstances qui permettent de se soustraire à cette production dans l'intérieur de l'exploitation, ne se rencontrent guère qu'aux environs des villes, et alors on se trouve dans des conditions que l'on peut appeler exceptionnelles. Dans le plus grand nombre des cas, l'exploitant doit produire son fumier, et il importe qu'il sache par quels moyens il en augmentera et la qualité et la quantité.

Indépendamment de l'espèce de bétail qui fournit les fumiers et des soins que l'on apporte dans leur conservation et leur manipulation, il est une foule de circonstances qui influent directement sur leur valeur.

En première ligne, nous indiquerons le régime alimentaire. La nourriture exerce une action frappante sur la nature des engrais ; un bétail bien nourri en fournira toujours une plus grande quantité qu'un bétail ne recevant qu'une alimentation insuffisante. Tous les praticiens savent que les animaux à l'engrais donnent plus de fumier et de meilleure qualité que les bêtes de travail, par exemple. Il ne faut pas, dans cette question, considérer uniquement la quantité de nourriture, il est nécessaire en outre de tenir compte de la valeur nutritive de la ration. Avec une même quantité en poids de pommes de terre et de foin on ne produit pas des effets identiques, parce que ces deux aliments possèdent des valeurs nutritives différentes, et celui-là est le plus nutritif qui donne le plus d'effet sous le moindre poids. Si, pour obtenir un effet donné, il faut, supposons, 10 kilogrammes de pommes de terre et seulement 5 kilogrammes de foin, c'est que ce dernier possède une valeur nutritive double de celles-là. Eh bien, pour un même poids de ces deux sortes d'aliments donné au bétail, on obtiendra des quantités de fumier différentes : la substance la plus plus nutritive en fournira plus abondamment et de qualité supérieure. Pour se convaincre que la nourriture a une influence directe sur la valeur des déjections, on n'a qu'à comparer l'énergie des diverses espèces d'excréments. On sait que, sous ce rapport, ceux de l'homme tiennent le premier rang avec ceux des animaux qui se nourrissent de grains et de substances très-alibiles.

Pour recueillir du bon fumier, en grande quantité, il faut donc fournir au bétail une nourriture abondante et substantielle. Les animaux mal nourris ne donnent qu'un engrais maigre et de médiocre qualité.

Que penser des cultivateurs qui, pendant plusieurs mois de l'année, nourrissent leurs animaux presque exclusivement avec de la paille? Cette substance, comme on sait, peu riche en matières nutritives, n'est guère capable d'entretenir les animaux en bon état et ne peut fournir qu'un fumier excessivement pauvre, pourvu de peu de propriétés fertilisantes. Et que l'on nous permette, à ce propos, une observation dont on appréciera l'importance : cette maigre pitance est administrée aux animaux à une époque où les femelles sont pleines, au moment où elles doivent puiser dans leurs aliments non-seulement de quoi pourvoir à leur entretien, mais encore les matériaux nécessaires au développement du fœtus. Doit-on s'étonner que, sous l'influence de semblables conditions d'existence, nos races dégénèrent, et que les efforts tentés pour leur amélioration aboutissent à des résultats peu marqués? Il est bien difficile de construire une machine parfaite avec des matériaux insuffisants! Cette réflexion nous échappe sous une impression pénible. Au moment où nous écrivons ces lignes, nous avons sous les yeux de pauvres animaux décharnés qui viennent de quitter l'étable où ils ont été soumis au régime de la paille pendant tout l'hiver, et ils n'ont littéralement que la peau sur les os. Le cultivateur, il faut en convenir, ne sait pas toujours où gisent ses véritables intérêts. Pour obtenir du bétail des produits satisfaisants, il faut lui donner une nourriture capable de pourvoir à tous ses besoins. Tous les êtres vivants exigent, pour croître et se développer, une certaine quantité de matériaux que doivent leur présenter les aliments; si on la leur refuse, ils souffrent et dépérissent. L'agriculteur ignore-t-il que la terre donne des produits en raison des matières fertilisantes qu'il lui consacre? Peut-il obtenir d'abondantes récoltes avec une maigre fumure? Eh bien, il en est de même de ses animaux : s'il ne leur donne qu'une chétive nourriture, les produits en seront affectés à son détriment.

L'âge des animaux a également une influence trèsmarquée sur la valeur des fumiers et mérite considération. Les bêtes jeunes, en voie de développement, doivent nécessairement puiser dans la nourriture qu'on leur administre les matériaux de leur accroissement; c'est dans les fourrages qu'elles puisent de quoi former leurs os, de quoi constituer tous leurs organes. Tout ce qui est ainsi fixé dans le corps de l'animal est perdu pour les fumiers qui alors sont moins abondants et de médiocre qualité. Aussi sont-ils généralement moins estimés et leur préfère-t-on de beaucoup, et avec raison, les déjections des animaux adultes, ayant atteint leur complète croissance.

La destination des animaux amène aussi des résultats variables; c'est ainsi que les vaches laitières, par exemple, donnent un engrais moins riche que les vaches à l'engrais, et cela se conçoit du reste aisément; car les vaches extraient de leurs aliments les éléments constitutifs du lait, et la spéculation la plus avantageuse, sous le rapport de la quantité et de la richesse des matières fertilisantes, c'est l'engraissement du bétail.

Le mode d'entretien du bétail a également une très-grande importance. Lorsqu'on laisse sortir les animaux pendant une partie de la journée, ou quand on ne les rentre pas la nuit, on doit nécessairement éprouver de fortes pertes sur la quantité d'engrais. C'est en soumettant le bétail au régime de la stabulation permanente, c'est-à-dire en le tenant constamment à l'étable, que l'on recueille la plus forte masse d'engrais. Pour certains animaux, cette perte ne peut être évitée; telles sont les bêtes de trait qui doivent constamment parcourir les routes et les chemins d'exploitation, où elles déposent une bonne partie de leurs déjections.

Que l'on n'aille pas conclure de ce qui précède que nous demandons au cultivateur de tenir ses animaux à l'étable, d'abandonner l'élevage, de proscrire les vaches laitières; nous indiquons uniquement ce qui influe sur les qualités et la quantité des fumiers. Que chacun, suivant les circonstances économiques où il se trouve placé, s'efforce de réunir le plus de conditions avantageuses à cette production.

Les soins dont le bétail est entouré, ainsi que son état de santé, ont également leur part d'influence sur la production des engrais. Des animaux bien traités, maintenus dans de bonnes conditions hygiéniques, ceux chez lesquels les fonctions s'exécutent bien, fournissent un meilleur fumier et en plus grande quantité que ceux mal entretenus, négligés et maladifs.

La litière surtout fait considérablement varier les résultats. L'un des objets de la litière est de recueillir les déjections liquides; il est donc évident que si elle est distribuée avec parcimonie, une grande partie des urines s'échappera des étables et écuries et sera complétement perdue, comme cela a fréquemment lieu aujourd'hui. Nous ne prétendons cependant pas dire que l'on peut impunément ajouter de la paille au fumier; il faut procéder à cette addition avec discernement; la litière doit être suffisante pour absorber complétement les liquides, on comprend qu'il n'est pas possible de fixer des chiffres en pareille matière, car la proportion de litière dépend non-seulement de l'espèce des animaux, mais aussi dans une même espèce de la saison, du régime alimentaire, etc., etc. C'est au praticien à voir et à modifier suivant que les circonstances l'exigent.

Après les considérations qui précèdent, que penser de cette opinion qui consiste à admettre qu'une tête de gros bétail ou son équivalent par hectare, est suffisante pour maintenir la fécondité du sol dans une exploitation? Nous la considérerons comme de nulle valeur, comme entièrement erronée jusqu'à ce que l'on nous ait démontré qu'il est indifférent d'entretenir un bétail de forte ou de petite taille, des animaux de 200 kilogrammes ou de 500 kilogrammes en poids, de leur administrer une nourriture maigre ou substantielle, de les tenir à l'étable ou de les abandonner

dans les pâturages, etc., etc. Selon nous, on peut
entretenir un nombre de têtes supérieur à celui indiqué plus haut et avoir une exploitation en très-mau-
vais état et *vice versâ*. C'est ce qui nous porte à attaquer une opinion qui, généralement répandue, peut
donner naissance à des appréciations fort inexactes.
Et l'on ne tient aucun compte des circonstances
locales, comme si la faculté de se procurer des engrais
au dehors était une chose indifférente. N'est-il pas vrai
de dire qu'aux environs des grands centres, près des
villes, il est très-possible de n'entretenir que peu de
bétail relativement à l'étendue de l'exploitation? —
Quand on veut donner une idée de la production du
fumier dans une ferme, il faut donc être plus expli-
cite et fournir des détails dont on s'abstient la plupart
du temps; sinon on ne donne qu'une idée tout à fait
incomplète de l'industrie du cultivateur.

L'espèce de bétail qui fournit les fumiers, ainsi que
les soins apportés à la récolte et à la conservation
de ceux-ci, influent également sur l'abondance et la
richesse des engrais. Ces points sont extrêmement
importants, et nous allons les examiner dans les
paragraphes suivants, avec tous les développements
qu'ils méritent.

§ III.

Examen des différentes espèces de fumiers.

———

a. *Fumier des bêtes à cornes.*

C'est le fumier le plus généralement employé, celui dont on fait le plus fréquemment usage. Il renferme une grande quantité d'eau, sa décomposition est lente, ses effets sont durables, mais peu énergiques. On le destine généralement aux terres légères, auxquelles il apporte des propriétés qui y font complétement défaut.

La forte proportion d'eau contenue dans ces déjections s'oppose à ce qu'elles s'échauffent promptement lorsqu'elles sont mises en tas. La putréfaction s'opère lentement, avec un dégagement peu considérable de chaleur; et cela se conçoit, car une grande partie du calorique que développe la fermentation est employée à la vaporisation de l'eau que recèle la masse.

La durée du fumier de ces ruminants est également susceptible d'une explication très-simple : il est mélangé à une forte quantité de matières végétales qui exigent pour se décomposer un temps plus considérable que les matières purement animales; lorsque celles-ci prédominent, et c'est ce qui a lieu pour le fumier de mouton, les excréments humains, etc., la dissolution est beaucoup plus rapide et la fumure peut alors être presque entièrement consommée par une première récolte.

D'après ce que nous avons dit plus haut, le fumier des bêtes bovines doit jouir de propriétés spéciales, car leur alimentation diffère de celle des autres animaux. Rarement elles reçoivent des grains et des farineux, si ce ne sont les bêtes soumises à l'engraissement ou destinées au travail, et alors les engrais gagnent immédiatement en valeur. Les déjections des animaux qui reçoivent une alimentation plus substantielle, des tourteaux, des grains, des farineux, etc., jouissent d'une réputation qui n'est nullement usurpée. Les excréments des bœufs d'attelage auront donc plus de valeur que ceux des vaches, et ceux des bœufs à l'engrais seront supérieurs à ceux fournis par les bœufs de trait. Les fumiers que produisent les vaches laitières sont moins estimés par les cultivateurs que les précédents, et cette prédilection est, certes, parfaitement rationnelle.

Le bétail entretenu l'hiver à la paille seulement, dit Schwertz, donne un misérable fumier, ne valant guère mieux que la paille pourrie. Enfin le cultivateur qui nourrit mal son bétail se fait à lui-même un double tort.

Voici comment l'agronome allemand résume les qualités du fumier des bêtes à cornes. Ce fumier possède, dit-il, plusieurs propriétés particulièrement utiles : la première, de se maintenir longtemps dans le sol, ce qui compense bien la lenteur de son action ; la seconde, d'être propre à tous les terrains et à toutes les cultures ; la troisième, de se lier très-facilement, à cause de son état presque fluide, avec toute espèce de litière, propriété que n'ont pas les fumiers de cheval et de mouton ; la quatrième, d'opérer une action toujours uniforme ; la cinquième, la masse plus considérable de déjections et la proportion plus forte d'engrais produits. Et, s'il est vrai qu'un animal ne peut rendre plus qu'il ne consomme, il est plus vrai encore que les déjections des bêtes à cornes permettent, à raison de leur fluidité, une addition plus considérable de litière que celles des moutons et des chevaux.

b. *Fumier des porcs.*

En général, nos cultivateurs n'estiment guère les déjections de ces animaux; ils ne leur accordent qu'une médiocre valeur et il en est même qui les regardent comme nuisibles aux récoltes. Les Anglais, cependant bons connaisseurs et bons juges, sont loin de partager l'opinion de nos praticiens. Cette divergence d'appréciation peut surprendre au premier abord, mais en examinant attentivement les choses, elle paraîtra moins extraordinaire. Nous l'avons dit, et nous ne saurions trop le répéter, la valeur des engrais est subordonnée à la nourriture que reçoivent les animaux. Dans la plupart de nos exploitations, on administre aux porcs une nourriture excessivement aqueuse; et, soumises à un régime analogue, il est impossible que ces bêtes fournissent des engrais riches et substantiels. Aussitôt que l'alimentation de ces animaux est changée, leurs excréments se modifient et gagnent d'autres propriétés. Dans les contrées où les porcs vivent pendant un certain temps dans les bois, à l'époque de la glandée, on remarque qu'à partir de ce changement de régime, les déjections perdent leur fluidité, gagnent de la consistance et sont susceptibles de produire de meilleurs effets sur les récoltes.

La grande abondance des urines et l'excès de litière que l'on doit administrer à ces animaux pour absorber ces déjections liquides, sont causes que la fermentation se déclare difficilement dans leur fumier et qu'il développe moins d'énergie que ceux dont nous allons parler; aussi regarde-t-on le fumier de porcs comme froid, et doué de peu d'activité.

« Ma propre expérience m'a fait reconnaître, dit Schwertz, que le fumier des porcs à l'engrais produit, pendant deux années, un effet plus grand dans les mêmes terres et sur les mêmes plantes, que le fumier des vaches. Ce qu'on peut seulement reprocher avec raison au fumier de porc, c'est, d'une part, que l'animal rendant non digérés la plupart des grains qui entrent dans sa nourriture, on apporte sur les champs, avec ses déjections, une grande quantité de semences de mauvaises herbes; d'autre part, que ce fumier manifeste une propriété stimulante, nuisible aux plantes, provenant du défaut de disposition des écuries pour l'écoulement de la grande quantité de purin que rendent les porcs, ou du soin de procurer à ce liquide âcre une évaporation suffisante. Ce qui me confirme dans cette opinion, dit le judicieux observateur Bœnninghausen, c'est l'expérience que j'ai faite que le fumier de porc, donné en couverture, ne le cède à aucun autre sur toutes les plantes, à l'exception des plantes à cosses, probablement parce qu'ainsi exposé à l'air, son âcreté qui, de sa nature, s'évapore facilement, lui est promptement enlevée. Ainsi il dépendrait de nous de rendre le fumier de porc l'égal de celui de tous les autres quadrupèdes, et nous n'aurions à accuser de ses inconvénients que nous-mêmes. Il ressort encore et tout au moins de ces observations, que, si le fumier frais de porc ne doit pas être appliqué inconsidérément aux terres arables, à cause de la grande quantité de graines et de l'âcreté des urines qu'il contient, ces circonstances ne s'opposent nullement à ce qu'il soit appliqué avec utilité aux prairies; que loin de nuire à cette application, la fluidité de cet engrais lui est particulièrement appropriée. »

Les exploitations où ce fumier est employé isolément sont, du reste, excessivement rares ; il est le plus ordinairement transporté sur les champs avec celui fourni par les autres animaux, et c'est la méthode que nous préférons, à moins que l'on n'utilise cet engrais pour les prairies. Nous recommandons donc au cultivateur de recueillir soigneusement les excréments des porcs et de les disposer en tas, par lits alternatifs avec ceux des vaches, chevaux, etc. De cette manière, les différentes espèces de fumiers seront mélangées, les propriétés nuisibles seront neutralisées et l'on n'aura rien à redouter de leur emploi.

c. *Fumier des chevaux.*

Beaucoup plus sec que les précédents, il est regardé comme un engrais chaud, et convient surtout aux terres compactes, froides et humides. Comme il renferme peu d'humidité, sa décomposition est rapide ; il fermente promptement, aussi exige-t-il dans son traitement beaucoup plus de soins et de précautions que celui des bêtes à cornes. A l'état frais, il jouit d'une supériorité marquée sur ce dernier ; mais si l'on néglige les soins réclamés pour la conservation de ses propriétés, il devient en peu de temps inférieur au fumier d'étable. C'est probablement ce qui a fait naître, chez certains cultivateurs, cette idée que l'engrais de cheval est moins actif que celui des bêtes bovines.

La nourriture des chevaux étant plus substantielle, le fumier qu'ils produisent doit être meilleur et jouir de propriétés plus énergiques, et c'est, en effet, ce que l'expérience confirme. Mais de ce que son action est plus rapide, plus prompte, il en résulte qu'elle est moins durable, et il est impossible qu'il en soit différemment : l'engrais renferme une certaine quantité de matières qui sont aptes à servir de nourriture à nos plantes cultivées ; ces matières peuvent séjourner dans le sol pendant un temps plus ou moins long avant d'être propres à être absorbées par les récoltes, et c'est ce qui détermine la durée des engrais enfouis. Chez le fumier de cheval, la décomposition marche rapidement et ses principes nutritifs se trouvent ainsi, en peu de temps, mis à la disposition des plantes, qui peuvent dès lors les absorber dans le courant d'une année. Voilà certainement une propriété dont on peut tirer parti dans certaines circonstances, par exemple, pour activer la végétation de certaines plantes. C'est une précieuse ressource mise à la disposition du cultivateur qui observe et sait se rendre compte de ce qu'il voit.

On comprend pourquoi ce fumier peut être nuisible aux terres légères et très-avantageux dans les sols humides et compactes. La paille qu'il contient s'interpose entre les particules du sol, favorise ainsi la pénétration de l'air, qui hâte l'assèchement de la couche arable et concourt à provoquer la fermentation dans l'engrais enfoui ; celle-ci, par la quantité de gaz qu'elle fournit et qui tendent sans cesse à s'échapper dans l'atmosphère, aide également à l'ameublissement du sol. Comme les sols argileux retiennent toujours une certaine quantité d'humidité, la paille peut se décomposer lentement, alors qu'elle se dessécherait dans un sol sablonneux.

Le fumier de cheval ne reçoit pas une dose suffisante d'humidité par les urines, et, pour arriver à une bonne confection, il faut l'arroser fréquemment et ajouter du liquide à celui qu'il renferme. Si l'on néglige de l'arroser, il se dessèche promptement à cause de la grande chaleur qu'il dégage ; il perd de son poids et en même temps il se dépouille de ses qualités. Lorsque au contraire on le dispose en tas que l'on a soin d'arroser, il fournit un engrais au moins égal à celui que l'on obtient des vaches.

On peut aussi éviter la déperdition de ses principes fertilisants en le tassant fortement ; on prévient de la sorte la pénétration de l'air dans l'intérieur de la masse, ce qui ralentit la fermentation. Une précaution également très-utile à la bonne conservation des propriétés de cet engrais, consiste dans l'application sur le tas d'une couche de terre de quelques centimètres d'épaisseur.

« M. Schattenman, l'un des plus habiles manufacturiers de l'Alsace, ayant eu à sa disposition les produits d'une écurie de deux cents chevaux, a suivi, pour la confection du fumier, un procédé des plus rationnels, dont il a obtenu d'excellents résultats. Il a établi une fosse peu profonde, de 400 mètres carrés de surface, divisée en deux parties égales. Le fond de cet emplacement était disposé de manière à présenter deux plans inclinés permettant aux eaux de se réunir au milieu, où se trouvait un réservoir muni d'une pompe pour ramener sur le fumier les liquides qui en découlaient. En outre, l'eau nécessaire pour maintenir un degré convenable d'humidité était fournie par une autre pompe communiquant avec un puits. Cette dernière disposition est indispensable ; car la quantité d'eau nécessaire est si considérable quand on opère sur de semblables masses qu'il ne faudrait pas songer à se la procurer par d'autres voies. Les deux parties de la fosse ont été alternativement garnies de fumier sortant des écuries ; on tassait jusqu'à la hauteur de trois à quatre mètres ; on foulait fortement, et l'on arrosait abondamment (1). M. Schattenman ajoutait, aux eaux

(1) Boussingault, *Économie rurale*. t. I.

3.

de fumier, de la couperose ou du plâtre. » Nous verrons plus loin dans quel but.

Le fumier de cheval employé seul, dit Schwertz, ne convient qu'aux sols argileux, profonds, humides ou aux terrains qu'on appelle froids. Dans les terrains sablonneux et calcaires, il faut qu'il cède la place au fumier des bêtes à cornes. Cette observation s'applique évidemment au fumier obtenu par la méthode généralement usitée; mais celui préparé avec les soins que nous venons d'indiquer est tout aussi bon que le fumier des bêtes à cornes, et s'il s'en distingue c'est par des qualités supérieures.

Le fumier de cheval produit d'autant plus d'effet, dit Burger, que les individus dont il provient ont reçu pour nourriture une plus grande quantité de grains. Il peut se faire que la nature des excréments contribue aussi à la rapidité de leur décomposition et par conséquent à l'échauffement de la masse en putréfaction. Les déjections des chevaux nourris de grains s'échauffent promptement et fortement, mêlés à la paille; au contraire, celles des chevaux qui ne mangent que de l'herbe ou du foin ne développent qu'une faible chaleur et n'ont pas grande valeur pour les couches. Nous transcrivons ce passage de Burger, parce qu'il vient à l'appui de ce que nous avons dit de l'influence de la nourriture sur les déjections animales.

d. *Fumier des moutons.*

Pour établir la valeur relative des différentes espèces de fumiers et présenter des résultats concluants, il faudrait non-seulement soumettre tous les animaux à un régime alimentaire uniforme, mais encore recueillir avec soin toutes les déjections En procédant différemment on n'obtiendra jamais que des données incertaines que l'expérience viendra fréquemment infirmer. On a constamment voulu établir une comparaison entre la valeur du fumier des bêtes à cornes, du fumier des chevaux et de celui des moutons; mais, dans l'état actuel des choses, cette comparaison est-elle possible? Notons d'abord que les moutons urinent peu, et la litière que l'on dépose dans les bergeries suffit toujours pour absorber complétement les déjections liquides : ce fumier renferme donc toutes les excrétions, solides et liquides, rejetées par ces animaux. En est-il de même pour les chevaux et les bêtes à cornes? D'abord, comme la quantité d'urine est considérable, surtout chez les dernières, il est très-difficile de les recueillir sans en laisser échapper quelque peu, et, il faut bien le dire, dans la plupart des fermes on n'y regarde pas de si près, on ne se fait pas scrupule de laisser perdre une bonne partie des déjections liquides.

Sous un poids donné, le fumier de moutons contient moins de paille et beaucoup plus d'excrétions que celui des autres animaux, il doit donc agir plus énergiquement. Ensuite, comme il est conservé dans les bergeries, souvent jusqu'au moment où on le transporte sur les terres, que de plus il se tasse fortement sous le pied des animaux, il n'est pas pénétré par l'air comme les autres engrais placés en tas, il n'éprouve pas de déperdition par les eaux pluviales, etc., et doit en conséquence posséder une plus grande puissance de fertilisation. Il n'est donc pas étonnant que ce fumier soit regardé comme le plus substantiel.

Se tassant très-fortement et ne recevant que peu d'humidité, il n'éprouve qu'une fermentation lente et peu prononcée. Quand il est uni à une forte proportion de litière avec laquelle il se mélange difficilement, vu sa forme et sa dureté, il convient, avant de l'appliquer, d'en former des tas que l'on doit fréquemment arroser; la paille se trouve alors dans des conditions favorables à sa décomposition.

Son action, quoique plus prolongée que celle du fumier de cheval, n'est pas cependant non plus de longue durée et n'excède pas deux ans : ceci provient de ce que les parties animales et végétales qui le constituent, se dissolvent dans un court espace de temps et sont mises promptement à la disposition des récoltes.

Le fumier de moutons convient surtout aux terres froides, argileuses et compactes, et est très-profitable aux plantes oléagineuses, telles que le colza, la navette, etc. Il n'est guère estimé pour la betterave, qui, paraît-il, donne moins de sucre qu'avec le fumier des bêtes à cornes. L'orge venu sur l'engrais des bêtes ovines est moins estimé par les brasseurs, parce qu'alors il contient moins d'amidon et germe avec irrégularité. Les blés fumés avec cet engrais sont sujets à verser.

Le fumier des bêtes à laine se mêlant difficilement avec la paille des céréales, il serait très-avantageux, dans les exploitations où l'on cultive le colza, de donner comme litière à ces animaux la paille de cette dernière plante, qui se broie sous le pied fourchu du mouton et constitue bientôt avec les déjections une masse homogène.

D'après les propriétés dévolues au fumier des chevaux et à celui des moutons, il est facile de comprendre que l'on doit agir avec précaution dans leur emploi. Il est prudent de ne pas les accumuler sur le sol en trop grande quantité à la fois, si l'on veut éviter de nuire aux récoltes : il est préférable de les répandre à petites doses et de renouveler plus fréquemment la fumure. Toutefois il ne faut pas perdre de vue que la nature du terrain influe sur la quantité des fumiers que l'on peut lui confier : une terre compacte et froide pourra se ressentir avantageusement de l'application d'une fumure abondante, alors que des sols légers et chauds en éprouveraient de fâcheux effets.

e. *Excréments humains.*

Une plante, pour atteindre son entier accroissement, doit trouver dans les milieux où elle vit les éléments de son développement, les matériaux constituants de ses tissus. Si l'on niait cette assertion, on devrait admettre que le végétal jouit de la singulière faculté de créer certains éléments, et les faits démontrent suffisamment l'inanité d'une semblable opinion. Nous savons très-bien que nos récoltes fournissent des produits d'autant plus abondants que nous fumons mieux nos terres, dans des limites indiquées par l'expérience, car il est évident qu'il faut éviter les excès : on peut abuser même des meilleures choses.

La plante ne demande pas au sol sur lequel elle vit un seul élément, une seule substance ; elle doit y trouver une nourriture assez complexe. En conséquence, l'engrais le meilleur sera celui qui présentera aux végétaux cultivés le plus grand nombre de substances utiles, la plus grande diversité d'éléments : à ce titre, les excréments de l'homme se placent au premier rang.

Une propriété importante de ces déjections réside dans la faculté qu'elles possèdent de se dissoudre facilement dans l'eau. Cette propriété nous éclaire immédiatement sur leur mode d'action, car, nous le savons, les plantes ne peuvent absorber que des ma-

tières à l'état de parfaite dissolution, et les **engrais**
agissent avec d'autant plus de promptitude qu'ils y
arrivent plus rapidement. Les excréments de l'homme
ont donc une influence heureuse sur la végétation, **par**
la complexité de leur composition et par leur **grande**
solubilité. La richesse de ces déjections est évidemment due à la diversité des substances qui entrent
dans la nourriture de l'homme et à la valeur nutritive des matières qu'il s'approprie comme aliments,
car il recherche constamment celles qui sont les plus
substantielles.

En incorporant des engrais au sol, nous avons pour
but de transformer des matériaux qui ont peu de
valeur en d'autres qui en possèdent une plus élevée,
et les bénéfices du cultivateur seront d'autant plus
marqués, que la différence sera plus grande; ceci est
incontestable. Mais une quantité d'engrais étant donnée, on peut se demander s'il est préférable de la convertir en récoltes en une ou plusieurs années? Plus
rapide sera la transformation, plus prompte sera la
réalisation et par conséquent plus avantageuse sera
l'opération; ceci nous semble évident, et nous n'insisterons pas sur ce point.

La grande solubilité d'un engrais aussi riche que
celui dont nous nous occupons, n'est donc pas un
défaut; c'est bien, au contraire, une propriété précieuse que l'homme doit savoir utiliser à son profit.

Ces développements préliminaires, nous les avons
jugés utiles pour faire comprendre au cultivateur le
tort qu'il se fait à lui-même en laissant perdre d'aussi
puissants auxiliaires. Que de richesse sont chaque
jour anéantis dans les agglomérations de populations, dans les grands centres, et combien en une
année nos cours d'eau charrient vers la mer de maté-

riaux qui, recueillis, fertiliseraient nos campagnes les plus arides!

Quoi qu'il en soit des avantages immenses que l'on peut tirer de l'application des excréments humains, il importe cependant d'y procéder en s'entourant de certaines précautions, sous peine de ne recueillir que des déboires au lieu de résultats heureux. Nous aurons soin de donner toutes les indications utiles, tant dans ce paragraphe que dans celui où nous traiterons des engrais liquides.

« Dans les pays très-peuplés, où l'industrie agricole a pris l'essor, dit Schwertz, comme la Toscane et la Flandre, les excréments humains jouent un très-grand rôle. En Toscane, on les délaye dans trois fois leur volume d'eau et on les applique par arrosement. En Flandre, on en forme des magasins, auxquels les villes de la Hollande et de la Belgique fournissent les approvisionnements les plus estimés. Les acheteurs examinent la marchandise en y introduisant des perches dans toutes les directions, et jugent en même temps, en retirant les perches, et de la quantité et de la qualité; car cette dernière est souvent falsifiée par les domestiques, au profit desquels se vendent les vidanges des grandes maisons, et qui cherchent à en augmenter le volume, en y jetant les eaux grasses et les issues des lessives.

« Dans le midi de la France, on recueille les excréments des condamnés détenus dans les bagnes, et ils contribuent à produire les raisins muscats les plus parfumés, les olives les plus grasses et les figues les plus douces. A Nice, chaque cultivateur entretient dans sa ferme une guérite, pour engager les cavaliers qui passent à mettre pied à terre. Autour de Londres, la charrette de vidanges se paye 4 à 6 francs; à dix milles de Londres, elle vaut 24 francs, et à ce prix le cultivateur y trouve encore son compte. En Chine, où l'on ne connaît presque pas d'autre engrais, on nourrit les hommes pour avoir leurs excréments ; on invite les voyageurs à s'arrêter et on leur fait bon accueil pour empêcher qu'ils n'aillent les déposer plus loin. On pétrit les excréments frais avec de l'argile, en forme de briques, et on les fait sécher ; on les réduit plus tard en poudre, pour les répandre en couverture. Il résulte, dit Trautmann, de l'emploi presque exclusif de cette espèce de fumure, qu'on ne rencontre dans les champs des Chinois que la plante utile qu'ils cultivent et qu'on y découvre difficilement une mauvaise herbe. »

On peut inférer de ce qui précède que c'est précisément dans les contrées où l'on utilise les matières fécales que l'agriculture est arrivée au plus haut point de perfection.

Comme c'est surtout aux environs de Lille qu'on sait le mieux tirer profit de ces matières, nous allons indiquer, avec quelques détails, comment on procède. Nous empruntons les lignes qui suivent au *Cours élémentaire d'Agriculture* que publient en ce moment MM. Girardin et du Breuil.

« Désignées sous les noms d'*engrais flamand*, de *courte-graisse*, de *gadoue*, ou simplement de *tonneaux*, ces matières sont précieusement recueillies dans les campagnes comme dans les villes qui entourent Lille, dont le territoire leur doit en quelque sorte sa fertilité. Dans toutes les maisons, les fosses d'aisances sont citernées avec soin, de manière à prévenir l'infiltration des urines et à maintenir les vidanges dans un état de fluidité complète.

« Chaque cultivateur, dans l'arrondissement, possède, près de sa ferme, ou sur le bord de son champ le plus voisin de la route, une ou plusieurs citernes ou caves en briques (fig. 1), ou bien, des fosses creusées dans un sol argileux et recouvertes de planches.

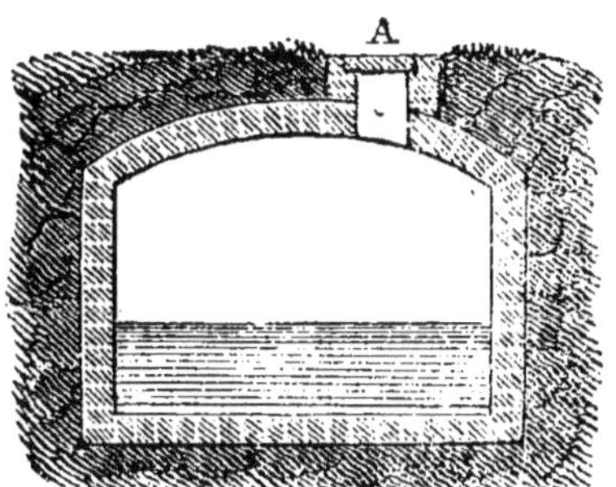

Fig. 1.

Ces caves ou fosses contiennent moyennement de 600 à 700 tonneaux ; les plus grandes vont jusqu'à 1,100 et 1,200, et, comme le tonneau représente environ 2 hectolitres, il s'ensuit qu'elle peuvent renfermer 2,400 hectolitres ou 240 mètres cubes de matières. Chaque cave présente deux ouvertures, l'une vers le milieu de la voûte A, l'autre sur l'une des parties latérales, celle du nord : la première sert à introduire et à enlever les substances ; elle se ferme par un volet épais, en chêne, portant cadenas ; la seconde, plus petite, est destinée à donner accès à l'air.

« Toutes les fois que les travaux de ferme le permettent, le cultivateur envoie à la ville ses *beignots* (espèce de chariot particulier au département du Nord) chargés de tonneaux, pour en rapporter des vidanges (fig. 2). A mesure que les voitures arrivent,

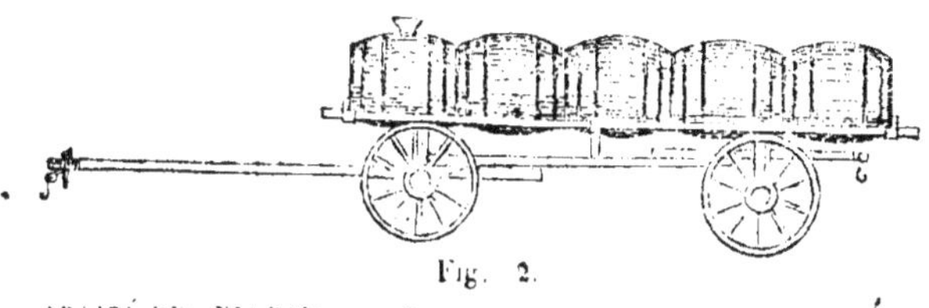

Fig. 2.

on vide les tonneaux dans les caves, et l'on attend que la fermentation se soit manifestée, avant d'employer l'engrais.

« Si la matière est trop liquide, on y mêle des tourteaux de colza, d'œillette, ou de cameline, et l'on remue de temps en temps le mélange à l'aide de grandes perches. Si elle est trop épaisse, on la délaye avec de l'eau, ou avec des urines de bestiaux.

« On reconnaît la qualité de l'engrais flamand à son odeur, à sa viscosité au moment de l'extraction des fosses, et à sa saveur piquante et salée.

« Aux environs de Lille, on emploie la courte-graisse dans la proportion de 114 à 140 hectolitres par hectare.

« C'est principalement sur le lin, le colza, l'œillette et le tabac qu'on emploie l'engrais flamand. On le répand avant ou après les semailles, souvent après le repiquage. Dans le premier cas, peu de jours avant d'arroser le terrain, on donne un labour, on passe la herse et le rouleau, à différentes reprises, afin que la terre soit bien meuble et bien nivelée, et l'on charrie ensuite l'engrais. A l'une des extrémités de la pièce, on apporte une cuve ou baquet d'un quart de mètre cube environ ; un garçon de ferme y verse un tonneau de courte-graisse ; un ouvrier répand alors le liquide à 7 mètres environ autour de lui, au moyen d'une écope dont le manche a quelquefois 5 mètres de longueur. Les garçons de ferme du Nord ont une dextérité étonnante pour manœuvrer l'écope (fig. 3), de

Fig. 3.

manière à opérer la plus égale dispersion du liquide, qu'ils font retomber à la volée, comme une pluie.

« Lorsque les champs à arroser ne sont pas accessibles aux voitures, on fait usage de la brouette allemande (fig. 4). Le tonneau fixé à cette brouette est mobile, et deux hommes vont vider son contenu dans le baquet placé au centre ou à l'un des bouts du champ.

Fig. 4.

« Certains cultivateurs, peu de temps après que la surface du champ a été arrosée, y font passer la herse pour recouvrir légèrement l'engrais ; mais la plupart regardent cette précaution comme superflue, les matières liquides étant promptement absorbées par une terre parfaitement ameublie.

« La méthode que l'on suit pour répandre l'engrais sur les plantes repiquées de colza ou de tabac, n'est pas la même pour l'une et l'autre récolte. Pour le colza, on se contente de répandre l'engrais, sous forme de pluie, au moment où la végétation s'apprête à partir, au printemps ; quant au tabac, un ouvrier fait, avec un plantoir, un trou près du pied de chaque plante, et un autre y verse une cuillerée d'engrais sur laquelle il rabat un peu de terre avec son pied. Dans ce cas, on se sert d'un arrosoir portatif. C'est également au moyen de cette dernière méthode qu'on applique la courte-graisse aux betteraves, carottes, etc.

« Pour les terrains humides et dans les années pluvieuses, on ménage la fumure, surtout pour le blé. On évite, d'ailleurs, pour toute espèce de culture, d'employer la courte-graisse par un temps de sécheresse, parce qu'on a remarqué que l'influence de la chaleur ou des rayons solaires lui est préjudiciable, de même qu'à tous les autres engrais liquides, formés de particules très-divisées de substances organiques.

« Rien n'est plus énergique que la courte-graisse. Répandue avant les semailles, elle fait germer la graine dans l'espace de quelques jours et fournit de suite une nourriture parfaitement appropriée à la délicatesse de ses organes développés. Jetée sur les plantes en végétation, elle les ranime, leur communique une grande vigueur, et leur conserve de la fraîcheur, même par les fortes sécheresses; mais, comme nous l'avons déjà dit, cette sorte de fumure n'agit que sur la récolte de l'année. Les cultivateurs flamands n'ont pas remarqué qu'elle communiquât un mauvais goût aux plantes et aux légumes; seulement, ils évitent son emploi pour les betteraves destinées à la fabrication du sucre, parce que celles qui poussent sous l'influence de cet engrais sont moins bonnes et moins sucrées.

« Comme preuve de l'énergie des matières fécales, nous citerons, en terminant, les résultats des expériences d'Hermstæd et de Schubler.

« Un sol supposé susceptible de produire, sans aucun engrais, trois fois la semence qui lui a été confiée, donnera pour une superficie égale, fumée :

Avec des engrais végétaux	. 5	fois la semence.
Avec du fumier d'étable .	. 7	—
Avec de la colombine .	. 9	—
Avec du fumier de cheval	. 10	—
Avec de l'urine humaine.	. 12	—
Avec des excréments humains.	14	—

Le passage que nous venons de transcrire renferme une assertion à laquelle nous devons opposer quelque restriction : nous croyons que les matières fécales répandues en forte quantité sur les plantes en végétation peuvent leur communiquer une saveur désagréable et une odeur repoussante. Cette observation ne diminue en rien la valeur de ces précieux agents de la production, car la chimie nous a révélé des procédés fort simples de désinfection, et dès que nous les avons rendus inodores, l'inconvénient signalé n'est nullement à craindre.

La forme de ces engrais, rendant leur transport dispendieux et pénible et ne permettant que leur application sur une vaste échelle, dans de grandes exploitations, a dû nécessairement faire naître l'idée de les soumettre à la dessiccation; car en les privant de leur humidité on diminue le poids tout en réduisant le volume et l'on en facilite l'emploi. C'est ce qui a donné lieu à la fabrication de la *poudrette*. Voici comment s'opère la dessiccation, depuis un temps fort reculé, près des grandes villes :

« On construit, dans un local voisin de la ville, et assez distant toutefois des habitations pour éviter d'y porter une trop forte odeur, des bassins d'une grande étendue et de peu de profondeur, soit en maçonnerie, soit en terre glaisée. Leur capacité totale doit pouvoir contenir la vidange de six mois au moins; ils doivent être au nombre de quatre ou cinq et disposés par étage de manière à pouvoir être déversés les uns dans les autres sans frais de main-d'œuvre. Le bassin le plus élevé reçoit chaque nuit toutes les vidanges opérées et lorsqu'il est rempli jusque près des bords, on lève une vanne qui fait écouler dans le deuxième bassin la partie la plus liquide surnageante. Plusieurs décantations ont lieu de même successivement, et le

4.

liquide écoulé laisse déposer dans ce deuxième bassin une partie de la matière solide très-divisée qu'il tenait en suspension. Lorsque ce bassin est rempli, on décante de même le liquide surnageant, à l'aide d'une vanne, dans le troisième bassin, où un nouveau dépôt et une nouvelle décantation s'opèrent encore de la même manière. Enfin à l'issue du quatrième ou du cinquième bassin, le liquide surnageant s'écoule au fur et à mesure que les nouvelles matières arrivent, et va se perdre, soit dans un cours d'eau, soit dans des puisards, etc.

« Lorsque le dépôt est assez abondant dans le bassin supérieur, on le laisse égoutter le plus possible en abaissant la vanne, et pendant ce temps les vidanges journalières sont versées dans une série de bassins disposés comme nous venons de le dire et latéralement aux premiers. La matière égouttée garde fort longtemps une consistance pâteuse ; on l'extrait en cet état, à l'aide de louchets ou d'écopes en fer, et on l'étend sur un terrain battu, disposé en pente comme une chaussée bombée, de manière que les eaux pluviales ne puissent s'y accumuler. De temps à autre, on retourne cette matière, à l'aide de pelles, afin de changer la surface et de hâter la dessiccation. Lorsque la matière fécale a perdu assez d'eau pour être devenue pulvérulente, on l'expédie sous le nom de *poudrette*. »

La dessiccation, on le comprend, est influencée par les variations atmosphériques, et dans les circonstances les plus favorables, il faut quatre ans au moins pour amener les vidanges à l'état pulvérulent sous lequel elles sont livrées au commerce. Pendant cette longue exposition à l'air et aux fluctuations des saisons, les matières fécales éprouvent nécessairement de fortes pertes au grand détriment de l'agriculture.

L'humidité unie aux excréments, et dont l'évaporation est si lente, entretient dans la masse une fermentation constante qui développe des émanations infectes se répandant fort loin. Aussi considérons-nous cette fabrication comme un véritable gaspillage de principes fertilisants, dont nous pouvons éviter la dispersion en profitant des moyens que la science met à notre disposition, et nous serions heureux que l'on proscrivît un semblable procédé, non pas seulement dans l'intérêt de la fécondité du sol, mais encore comme mesure de salubrité publique.

Le dégoût provoqué par l'odeur infecte des matières fécales, joint aux dangers de leur manipulation, sont les causes qui se sont opposées à ce que leur usage se généralise. Aujourd'hui la science nous a révélé les moyens de faire disparaître ces graves inconvénients, et l'on doit s'attacher à vulgariser les procédés qu'elle indique, afin de mettre nos cultivateurs à même d'utiliser un engrais qu'ils ont trop longtemps méconnu.

La chimie nous offre les moyens de rendre inodores les fosses d'aisances, d'opérer complétement leur désinfection par des procédés excessivement simples, à la portée de tous par la modicité des dépenses qu'ils exigent. C'est surtout dans nos villes que l'application de ces connaissances aura une immense portée, et nous ne pouvons ici nous dispenser de présenter une réflexion dont on appréciera l'importance. Les populations urbaines reçoivent des campagnes toutes leurs denrées alimentaires, produites aux dépens de la fécondité du sol. Tout cultivateur qui ne rend pas à la terre, sous forme d'engrais, ce qu'il lui a enlevé sous forme de récoltes, escompte le présent au détriment de l'avenir; il porte une grave atteinte à l'économie de son exploitation, et il appauvrit son domaine car il lui soutire une dose de fertilité qu'il ne restitue pas. Cet épuisement marchera avec d'autant plus de rapidité que les exportations comparées aux importations seront plus considérables. Le cultivateur n'est pas assez pénétré de cette vérité fondamentale, cependant il est très-disposé, après avoir vendu ses denrées au marché, à charger une voiture de fumier, afin de ne pas retourner à vide. Mais actuellement la plus grande masse des produits agricoles consommés par les populations des villes est entièrement perdue pour les campagnes, car elle est transformée en engrais qui se perdent inutilement dans les rivières et les cours d'eau.

Aujourd'hui, dans certains de nos centres populeux, nous voyons les campagnards, après avoir débité leurs denrées, recueillir les cendres de la houille qui a passé par nos foyers, et transporter péniblement dans leurs exploitations une matière qui certes ne jouit pas d'une très-grande valeur comme engrais et ne peut guère agir que mécaniquement sur le sol. De combien s'accroitrait la fécondité de leurs terres, si au lieu de ces substances à peu près inertes, on mettait à leur disposition des engrais d'une puissance incontestable ! Et nous devons nécessairement en arriver là, car chaque jour la fertilité des terres diminue et, sous le plus bref délai, nous devons arrêter cette détérioration progressive, sous peine de compromettre l'existence des populations. On taxera peut-être ce dire d'exagération ! Mais avant de formuler cette accusation, que l'on veuille méditer cette vérité : Pour maintenir au sol sa fécondité, il faut de toute nécessité lui restituer, sous forme d'engrais, ce qu'on lui enlève sous forme de récoltes ; et, avec ce système, on ne fait qu'entretenir l'équilibre de fertilité, sans accroître la puissance productive du sol, sans lui apporter aucune amélioration : pour atteindre ce dernier résultat, il faut que la terre reçoive plus qu'elle ne donne, c'est-à-dire que les importations soient supérieures aux exportations.

Les considérations qui précèdent justifieront suffisamment, ce nous semble, les développements que nous allons consacrer aux procédés de désinfection dont l'application dans nos villes fournira d'immenses ressources à l'industrie agricole.

Les matières fécales, tant solides que liquides, accumulées dans les réservoirs, dans les fosses d'aisances, donnent naissance à des émanations gazeuses dont les unes ont une odeur piquante et les autres rappellent celle bien connue des œufs pourris (1). C'est à ces dernières qu'il faut rapporter les nombreux accidents auxquels sont exposés, dans les grandes villes, les hommes qui sont préposés au curage des égouts et à la vidange des lieux d'aisances. Beaucoup de malheureux trouvant la mort dans l'exercice de leur pénible industrie, les investigations des savants se portèrent naturellement sur un sujet qui intéresse aussi directement l'humanité. Les recherches entreprises depuis vingt ou trente ans n'ont certes pas été infructueuses, et divers moyens ont été préconisés pour assainir les villes et opérer la désinfection des matières stercorales. Durant cet intervalle, l'agriculture s'est enrichie de plusieurs découvertes importantes, et l'on a constaté que parmi les gaz qui s'échappent des lieux d'aisances, il en est qui renferment des éléments utiles à la végétation.

(1) Nous nous sommes proposé de débarrasser ce petit traité du langage scientifique, c'est pourquoi nous n'avons pas cru devoir appliquer ici les dénominations chimiques, que nous nous bornerons à consigner en note. Les gaz qui se développent dans les fosses d'aisances sont le carbonate d'ammoniaque et l'hydrogène sulfuré.

Les procédés dont nous disposons aujourd'hui, aptes à arrêter la dispersion dans l'air des émanations infectes produites par les réservoirs où sont accumulées les déjections humaines, ont tous pour effet de fixer les matières gazeuses : par leur application, on obtient donc un double résultat, la désinfection d'abord et par suite la conservation de tous les principes fertilisants contenus dans les excréments. Coïncidence heureuse, qui augmente la salubrité des villes et fournit à l'agriculture d'énergiques éléments de production. Une autre circonstance non moins avantageuse réside dans le bas prix des matériaux propres à la désinfection ; comme nous allons le voir, on peut se servir pour cet objet de certains corps que le commerce livre à des prix très-minimes ; nous tenons à faire ressortir cette circonstance, parce qu'elle ne contribuera pas peu à en généraliser l'application en dehors de l'enceinte des villes.

Parmi les méthodes de désinfection, la plus simple et sans contredit la moins coûteuse, est celle qui consiste dans l'emploi de la couperose verte, encore connue dans le commerce sous la dénomination de vitriol de fer (1). Cette substance peut être employée seule ; mais pour rendre ses effets plus prompts et plus énergiques, on l'associe à une certaine proportion de charbon pilé, de suie et de chaux en poudre, le tout dissous dans une certaine quantité d'eau. Nous extrayons les détails suivants, relatifs à la composition et à la fabrication du liquide désinfecteur, ainsi qu'à son emploi, d'un article inséré dans le *Moniteur industriel*, en ayant soin d'en élaguer la théorie que nous porterons en note, afin d'être agréable à ceux de nos lecteurs qui possèdent des notions de chimie.

(1) Sulfate de fer.

Voici la composition du liquide désinfecteur :

« Pour 2 litres d'eau, 1 kilogramme de couperose verte, 3 décilitres de chaux en poudre, 2 décilitres de charbon pilé, 2 décilitres de suie.

« On fait dissoudre d'abord la couperose.

« A froid, 1 kilogramme de cette substance fond aisément en moins d'une heure dans deux litres d'eau ; la même quantité fond facilement en dix minutes dans 2 litres d'eau chaude.

« On recommande surtout de ne se servir, pour cette opération, que d'une marmite de rebut ou d'un vase que l'on affectera spécialement à cet emploi, parce que ce composé est un poison.

« Il faut remuer la couperose mise dans l'eau, ou l'y suspendre dans un panier que l'on secoue de temps en temps ; sans cette précaution, il en reste une grande partie au fond sans se dissoudre. Lorsque la dissolution est opérée, vous laissez refroidir, vous y versez la chaux, le charbon pilé et la suie, ou l'un de ces deux derniers en plus grande quantité.

« Il suffit, pour la désinfection permanente, de verser à des intervalles peu éloignés, la liqueur désinfectante dans la fosse, sur les pierres imprégnées d'urine, dans les ruisseaux, ainsi que dans ces mares d'eau de fumier dont les émanations ne sont pas étrangères aux fièvres si communes dans certains villages.

« Pour bien réussir, il faut se servir d'un arrosoir de jardin ou d'une poignée de paille disposée en arrosoir, afin que la liqueur désinfectante tombe lentement sur les parties infectées.

« C'est surtout au moment de la vidange que les gaz infects et délétères se développent ; on peut remédier à cet inconvénient en versant dans la fosse une dissolution de vitriol de fer (1). On compte à peu près 3 kilogrammes de couperose fondue dans 6 litres d'eau par chaque hectolitre de matières évaluées dans la fosse.

« On verse le tout dans le réservoir par la lunette ou par le trou qui sert à la vider.

« Quand le liquide est versé en quantité suffisante, on remue les matières avec une perche, afin de le faire pénétrer partout. A mesure que la combinaison s'opère, la désinfection s'établit et l'odeur piquante disparaît, pour ne laisser qu'une odeur faible, particulière et propre aux matières végétales comprises dans le mélange. Alors les matières fécales ne forment plus qu'un liquide noirâtre qui n'a plus aucune odeur incommode et n'a rien de répugnant.

« Les fosses désinfectées ont l'avantage de pouvoir être vidées en plusieurs fois, selon les besoins du cultivateur ou de l'entrepreneur de vidange, sans que les personnes habitant la maison en soient incommodées.

« Les matières fécales désinfectées peuvent être transportées de jour, travaillées et répandues sur les terres et sur les prés, sans incommoder en aucune façon les ouvriers. Enfin elles deviennent aussi faciles à manipuler que toute autre substance, des boues liquides ou tous autres résidus de fabrique. »

M. Girardin a fait adopter, à Rouen et dans les environs, le mélange suivant, pour la désinfection des fosses d'aisances dans les maisons particulières : Pour 3 hectolitres de matières stercorales, on projette dans

______

(1) L'ammoniaque se trouve dans les fosses d'aisances à l'état de carbonate; en présence du sulfate de fer, il s'opère une double décomposition et formation de sulfate d'ammoniaque qui est fixe. La production du gaz hydrogène sulfuré est empêchée par la présence du fer, qui se porte sur le soufre.

les latrines, en remuant avec un grand bâton,
12 kilog. de poussier de charbon, 1 kilog. de plâtre
cru et 1 kilog. de couperose, réduits en poudre très-
fine et intimement mélangés à l'avance. Les matières
peuvent être ensuite extraites sans qu'il se répande
au dehors la moindre émanation désagréable.

La couperose employée à l'état de dissolution,
comme nous l'avons indiqué plus haut, est désinfectante, mais elle augmente encore la fluidité des matières fécales unies aux urines, et, sous cet état, le
transport et les manipulations présentent des difficultés sérieuses. Pour faire disparaître ces inconvénients on a, depuis longues années déjà, cherché à
transformer les excréments de l'homme en poudrette
inodore, tout en leur conservant leurs propriétés fertilisantes, ce qui n'a pas lieu par les procédés ordi-
naires de fabrication de la poudrette, tels que nous
les avons décrits précédemment. On est arrivé à ce
résultat par l'emploi d'une poudre désinfectante obtenue par la calcination en vases clos de la boue des
étangs, des fossés et des rivières, ou des terres argileuses un peu calcaires que l'on associe à des détritus
organiques, tels que tourbes, vieux terreau, sciure de
bois. Les matières organiques fournissent un charbon
très-divisé qui, mélangé aux terres argilo-calcaires
ayant subi une demi-cuisson, donne une matière excessivement poreuse, absorbante et désinfectante,
très-propre à retarder la putréfaction des vidanges
et à fixer dans ses pores tous les composés gazeux
qui pourraient se développer.

La production de cette poudre désinfectante n'est
malheureusement pas à la portée du cultivateur, et
en attendant qu'il puisse se la procurer toute préparée, il doit mettre à profit des ressources dont il
a ignoré la valeur jusqu'aujourd'hui. Il est à remar-

quer que toutes les matières poreuses, ou amenées à un grand état de division, jouissent du pouvoir absorbant pour les substances gazeuses et peuvent, par conséquent, être utilisées comme désinfectants ; tels sont le tan, les terres ramassées, la tourbe, la sciure de bois, les balles de céréales, etc., que l'on associerait à une certaine dose de couperose verte réduite en poudre. Deux parties de tourbe desséchée, une partie de plâtre et une partie de matières fécales, non séparées des urines, composent un engrais très-énergique, dit M. Girardin, et qui a, sur les fumiers de ferme, l'avantage d'agir immédiatement sur les plantes, et de pouvoir être employé aussitôt après sa fabrication. Un propriétaire français, M. Bodin de la Pichonnerie, fait, selon le même auteur, jeter tous les jours, dans une fosse bétonnée et bien close, les déjections de cinq personnes qui composent sa maison ; de temps en temps il y fait mêler de la poussière de charbon, et, au bout de l'an, il en retire de quoi fumer deux hectares de terre. Voilà assurément un fumier qui coûte bien peu de dépenses et de soins.

A l'appui des propriétés absorbantes et désinfectantes des matières terreuses amenées à un certain degré de division, nous appellerons l'attention des cultivateurs sur un fait qu'ils ont tous été à même d'observer, nous voulons parler de l'enfouissement des animaux morts. On sait qu'une couverture de terre de sept à huit pouces suffit pour dissimuler complétement les produits gazeux de la décomposition des matières organiques, de manière à ne pas s'en apercevoir, même à une faible distance. Ce résultat est évidemment dû à la couche de terre qui absorbe les gaz provenant de la putréfaction des animaux enterrés.

Nous devons avant de terminer prémunir les agriculteurs contre un procédé de désinfection préconisé jadis par des agronomes très-distingués, et qui doit être repoussé aujourd'hui : il consiste à projeter de la chaux vive dans les fosses où sont accumulées les matières fécales. Cette substance a pour effet de provoquer un abondant dégagement de gaz fétides, c'est-à-dire qu'elle hâte leur dispersion au lieu d'en opérer la fixation, ce qui certes n'atteint pas le but que l'on se propose et rend l'infection beaucoup plus intense pendant un certain laps de temps. On pouvait considérer le moyen comme convenable avant que la chimie ne fût venue à notre secours, mais, actuellement, on doit soigneusement éviter d'y recourir.

Les matières fécales, judicieusement utilisées, doivent rendre de grands services à l'industrie rurale ; elles sont appelées à accroître notablement la force productive des terres auxquelles on les confiera, et permettront, dans certaines circonstances, de réduire le nombre de têtes de bétail et d'augmenter ainsi les bénéfices de l'exploitation. Les développements économiques que comporte la question que nous venons de soulever, sortiraient du cadre de cet ouvrage et ne peuvent par conséquent trouver place ici. Nous nous bornerons à appeler instamment l'attention du cultivateur sur une source de revenus qu'il a complétement négligée jusqu'à ce jour. On ne peut plus alléguer, comme motif d'abstention, les inconvénients que présentent les excréments humains, vu que, par des procédés simples et peu coûteux, on peut opérer complétement leur désinfection.

f. *Excréments des oiseaux.*

Parmi les déjections des oiseaux, celles des pigeons sont les plus généralement employées ; elles sont connues sous le nom de *colombine*. Supérieures en puissance à celles des autres animaux, elles doivent, à n'en pas douter, leur énergie au régime alimentaire de ces volatiles se composant presque exclusivement de graines et de vers, et à la forme de ces excréments, qui ne se divisent pas, comme chez le bétail et chez l'homme, en solides et en liquides. Une autre circonstance, qui doit également concourir à accroître leur force fécondante, c'est leur accumulation dans des lieux constamment abrités, où ils ne sont pas soumis aux causes qui détériorent toujours en partie les autres engrais.

On ne saurait trop blâmer les cultivateurs qui, pendant une année tout entière, laissent séjourner la fiente des volatiles dans les pigeonniers et les poulaillers ; il s'y développe alors des vers qui la détériorent en partie, et la malpropreté fait naître une vermine dont les oiseaux ont beaucoup à souffrir. Il est d'une sage économie de curer les pigeonniers et les poulaillers complétement et de répéter plusieurs fois cette opération dans le courant d'une année, dans l'intérêt de la santé et du bien-être de la volaille. Les excréments enlevés doivent être déposés dans des locaux secs et abrités, et l'on doit éviter soigneusement leur accumulation, sinon la fermentation se déclare et il y a déperdition de principes fertilisants ; pour parer à cet inconvénient, on les mélange avec de la terre, des matières charbonneuses et de la couperose verte bien pulvérisée.

D'après l'expérience des praticiens, on doit attribuer une valeur moins grande à la fiente des poules qu'à celle des pigeons, ce qui n'implique nullement que la première doive être dédaignée par le cultivateur.

Dans les terres fortes, froides et tenaces, le fumier

des volailles produit les plus grands effets sur les récoltes des céréales, effets tels qu'on ne saurait en espérer d'analogues par l'emploi d'aucune autre espèce d'engrais.

Dans le département du Nord et dans une partie de la Flandre, il est surtout recherché pour la culture des plantes industrielles, notamment le tabac, le lin, les colzas, etc. En Flandre, on l'emploie à la dose de 20 à 25 hectolitres pour les plus belles récoltes de lin.

On l'emploie très-souvent comme supplément de fumure, à la dose de 8 ou 10 hectolitres pour activer la végétation des récoltes en retard.

Sur le trèfle, son action est réellement remarquable, et au dire de Schwertz qui en a fait usage à Hohenheim, mélangé avec de la cendre de charbon de terre, ses effets sont plus grands que ceux du plâtre et des cendres.

L'efficacité de ces déjections est intimement liée à leur parfaite division et il faut apporter dans leur pulvérisation la plus grande attention, car employées en gros morceaux leur action est bien moins sensible et ne se manifeste qu'irrégulièrement.

Lorsqu'elles ont été convenablement pulvérisées, on attend pour les répandre sur le sol un temps calme et un peu humide, car pendant la sécheresse elles pourraient causer de grands dommages aux plantes. L'épaudage terminé, on les enfouit par un léger coup de herse; les enterrer profondément, serait se condamner à ne recueillir que des résultats peu marqués.

Leur action, comme celle de tous les engrais qui se décomposent et agissent promptement, est de courte durée.

Les excréments des oies et des canards ont infiniment moins de valeur, et leur emploi, à l'état frais, paraît même présenter des dangers.

g. *Guano.*

C'est une substance très-remarquable, et, sans contredit, l'un des engrais les plus actifs employés dans ces derniers temps, formée par les déjections d'oiseaux de mer accumulées depuis des siècles dans certaines îles de la mer du Sud et des côtes d'Afrique, où elles constituent des couches très-puissantes qui, selon toutes probabilités, remontent à une époque antédiluvienne.

Au commencement de ce siècle, M. de Humboldt la fit connaître aux Européens, comme une matière employée avec avantage à la fertilisation des terres sur les côtes du Pérou. Avant 1840, elle n'était guère connue que de nom; mais, depuis cette époque, elle a été l'objet de beaucoup d'expériences en France et surtout en Angleterre. Son usage s'est répandu et elle a acquis une réputation colossale.

Sans vouloir infirmer en aucune manière les résultats obtenus par l'emploi de cet engrais, résultats qui ont été publiés par les journaux, nous ferons remarquer que les effets ne sont pas toujours identiques; ils varient suivant le lieu de provenance du guano, ce qui indique évidemment que tous les guanos du commerce ne jouissent pas des mêmes propriétés. De plus, cette substance, ayant conquis en peu de temps une grande renommée, fut avidement recherchée par les agriculteurs et il en résulta une élévation exorbitante dans les prix, qui éveilla l'esprit des spéculateurs; l'appât du gain engendra la fraude et l'on signala bientôt des falsifications nombreuses dans le commerce de cette matière, ce qui

ne contribua pas peu à diminuer ses propriétés fertilisantes et donna naissance à de nombreuses décep-
tions.

Aujourd'hui encore, les prix sont très-élevés, le
guano a des propriétés variables suivant la source
d'où on le tire, et nous n'oserions affirmer qu'il est
constamment livré aux cultivateurs, pur de tout mélange, de sorte que ceux-ci devraient constamment
avoir sous la main un homme capable de procéder à
une analyse, un chimiste qui en rechercherait la pureté. Nous dirons donc à nos agriculteurs de ne pas
se laisser éblouir par les brillants résultats que l'on
pourrait étaler à leurs yeux et de recourir de préférence, pour la fertilisation de leurs terres, aux engrais
dont ils connaissent la valeur et qui ne les exposent
pas à des mécomptes.

Cependant parmi nos lecteurs il en est peut-être
qui possèdent du guano ou qui sont à même de s'en
procurer dont la pureté leur est connue et à des conditions avantageuses; il en est peut-être aussi qui
ont quelque velléité de se livrer à des essais sur l'efficacité de cette substance : ces considérations nous
font un devoir de consigner ici des détails propres à
éclairer leurs opérations.

Le guano par sa composition se rapproche beaucoup de celle des excréments de nos oiseaux de basse-
cour, sauf qu'il contient des détritus végétaux, de nombreux fragments de plumes, des débris de coquilles
d'œufs, d'os d'oiseaux et d'arêtes de poissons. Son énergie est plus grande encore que celle de la colombine et
nous indique que nous devons user de certaines précautions dans l'application; c'est ainsi que nous devons éviter soigneusement de le mettre directement
en contact avec les graines dont il détruirait les
germes naissants.

« La répartition de cet engrais n'est pas facile ; car, règle générale, moins le volume de l'engrais est considérable, plus il est difficile de le répandre dans des proportions convenables, plus il est difficile d'obtenir une végétation égale (1). Pour remédier à cet inconvénient, pour diminuer ensuite la perte que l'on éprouve toujours par le vent, lors de la dissémination des engrais pulvérulents, il convient de les mélanger à de la bonne terre sèche, à du plâtre, à du charbon ; en un mot, d'en faire un compost. La substance qu'il est le plus avantageux de mêler au guano, avant son emploi, c'est le plâtre, qui, tout en augmentant le volume, rend l'action plus durable, parce qu'il fixe les composés volatils, et empêche leur déperdition dans l'air, de telle sorte que les plantes utilisent tous les principes fertilisants de l'engrais.

« Parties égales de plâtre et de guano constituent le meilleur compost pour toutes les récoltes. En Angleterre, on le mêle avec quatre fois son volume de bonne terre, sèche et fine, ou de terreau, ou de sable de route, ou de cendre de bois et de charbon de terre ; parfois aussi on emploie du poussier de charbon de bois, ou du noir animal, principalement pour la culture des raves ou des turneps. De cette manière, on a moins à craindre qu'il ne détruise les semences, et brûle les plantes déjà levées.

« C'est surtout sur les prairies qu'il produit les effets les plus prompts et les plus remarquables ; on le sème à la volée, dans le courant d'avril. Lorsque les récoltes paraissent devenir faibles, ou qu'elles sont attaquées par les pucerons, une couche de guano, ou mieux du compost ci-dessus, appliquée sur les plantes

____

(1) Girardin et Dubreuil, *Cours élémentaire d'agriculture*, t. I.

après une ondée ou une pluie d'orage fait merveille.

« Pour les grains et les racines, il y a avantage à répandre l'engrais en deux époques : une moitié de la quantité nécessaire, au moment de semailles ; l'autre moitié, en couverture, lorsque les plantes sont bien levées. Pour les prairies artificielles, on sème la seconde moitié après la première coupe. Dans tous les cas, c'est toujours pendant ou immédiatement avant la pluie, qu'il convient d'appliquer l'engrais.

« Des nombreuses expériences faites en Angleterre, sur tous les sols et dans toutes les expositions, on peut conclure que, dans des terres en bon état de culture, il suffit, pour obtenir une récolte au moins égale à celle produite par la quantité de fumier d'étable ordinairement employée, d'appliquer par hectare :

« 250 kilogrammes de guano, aux céréales.

« 375 kilogrammes de guano, aux prairies naturelles et artificielles.

« 575 kilogrammes de guano, aux pommes de terre, betteraves, navets, etc.

« Il vaut mieux mettre moins que plus de guano, dans ou sur le sol que l'on veut fertiliser ; son excès est souvent nuisible, rarement avantageux. La surabondance de cet engrais ne donne pas généralement, des produits en rapport avec ce que son énergie semble promettre, et l'on augmente ainsi, sans utilité, les frais de culture. Il y a plus : employé au delà d'une certaine proportion, le guano diminue la récolte au lieu de l'accroître.

« Par cela même que le guano peut agir immédiatement sur les plantes, c'est un engrais d'une durée fort courte, dont l'action est épuisée en une année et dont le renouvellement doit être continuel, pour produire des effets constants, à moins qu'on n'enchaîne les produits de la décomposition par un corps absorbant comme le plâtre et le charbon. L'association de ces substances au guano prolonge la durée de son action, mais n'arrive jamais à la rendre aussi longue que celle du fumier et des autres engrais compactes. »

Les détails que nous venons de transcrire montrent clairement que l'emploi du guano n'est pas exempt de tout danger pour les récoltes, et ceux qui l'utilisent pour la première fois doivent agir avec beaucoup de circonspection et de prudence. Nous ferons en outre remarquer que les auteurs auxquels nous avons emprunté les lignes qui précèdent n'ont pas appuyé sur la différence des résultats qui peuvent se produire dans l'emploi du guano, suivant le climat des régions où l'on utilise cette substance. C'est ainsi qu'ils s'appuient principalement sur l'expérience des cultivateurs anglais pour démontrer l'efficacité du guano, sans indiquer que le climat brumeux de l'Angleterre doit influer beaucoup sur les résultats avantageux que l'on y obtient par l'emploi de cette matière. Cependant, il est évident que sous un climat où l'atmosphère sera moins chargée d'humidité, on devra redoubler de précautions, si l'on veut éviter les fâcheux effets que cet engrais peut produire sur les récoltes, lorsque le sol ne se trouve pas dans des conditions de fraîcheur convenable.

h. *Parcage des bêtes à laine.*

Les déjections de nos animaux domestiques sont, en général, mélangées à de la litière et accumulées dans les cours de ferme, d'où on les transporte sur les terres arables. Les excréments des moutons entretenus à la bergerie sont traités de la même manière, mais dans beaucoup de localités les bêtes ovines déposent directement leur fumier sur le sol. A cet effet, on réunit les animaux, pendant la nuit et à certaines heures du jour, dans un espace resserré que l'on enclôt au moyen de claies mobiles. Cette méthode, appliquée très-rarement au gros bétail, a reçu le nom de *parcage*, et l'espace dans lequel sont renfermés les moutons, celui de *parc*. Cette pratique a été combattue par des agronomes très-distingués, et ce nous est une nouvelle preuve du danger qu'il y a à poser des règles absolues en matière agricole, car nous sommes persuadé que, dans certaines conditions, on peut y recourir très-avantageusement. La toute-puissance des circonstances économiques, climatériques, etc., etc., domine cette question, comme toutes celles qui sont du ressort de l'agriculture. Nous ne dirons donc pas aux cultivateurs : Faites parquer vos moutons, entretenez-les à la bergerie. Nous allons examiner les causes qui amènent l'une ou l'autre de ces déterminations; à eux de les apprécier et de prendre une décision.

On objecte contre l'usage de parquer les moutons que l'on diminue ainsi volontairement la quantité de fumier de l'exploitation, car on réduit sa masse d'une quantité au moins égale à celle de la litière qui eût été ajoutée dans la bergerie. Mais la paille économisée n'est nullement perdue, elle peut très-bien être utilisée pendant la mauvaise saison et servir à donner aux animaux qui restent à l'étable une litière plus abondante. Il suit évidemment de là, que dans les exploitations où il y a disette de paille, le parcage sera très-avantageusement appliqué. De plus, dans les environs des grandes villes, où la paille se vend à des prix très-élevés, le cultivateur ne négligera pas de recourir à l'adoption d'une méthode qui lui permettra d'élever ses bénéfices.

Le transport des fumiers accumulés dans les cours de ferme, dans une exploitation quelque peu considérable, exige toujours beaucoup de temps et de fortes dépenses ; l'application directe de la fiente du mouton sur le terrain permet de réduire ces frais ; et cette réduction, dans certaines circonstances, n'est nullement à dédaigner. Dans le cas où la ferme possède des terres très-éloignées du centre, on recourra très-avantageusement au parcage ; il en sera de même lorsque les chemins ne seront pas en très-bon état, ou lorsque certaines pièces de terre présenteront un accès difficile, pénible, circonstance fréquente dans les pays accidentés.

On objecte encore que les excréments ainsi déposés à la surface du sol perdent beaucoup par l'évaporation, car rien ne les garantit de l'influence de l'air, du soleil, de la pluie, etc., etc. Nous ne partageons aucunement cette manière de voir, et nous inclinons plutôt vers une opinion contraire. En effet, les déjections dispersées sur la terre ne peuvent éprouver la fermentation énergique qu'elles subissent lorsqu'elles sont mises en tas dans le voisinage des habitations, ni être délavées par les eaux, etc., etc. Si le parcage est exécuté avec intelligence, il nous paraît que les déperditions doivent être tout à fait insignifiantes et que cette fumure doit posséder une grande énergie, car ici toutes les déjections liquides sont absorbées par le sol et il n'y a pas un atome d'engrais qui soit perdu ; de plus, les moutons ne fertilisent pas seulement par leurs excréments : les exhalaisons de la peau et des surfaces respiratoires, ainsi que la matière grasse qui enduit la toison, concourent à la fécondation de la terre sur laquelle ils parquent. Pour at-

teindre ce but et profiter de tous les avantages attachés au parcage, il faut avoir soin de donner un labour
au sol avant de le faire parquer par les moutons; de
cette manière, il acquiert de la porosité et absorbe
plus avidement les matières gazeuses, en même temps
qu'il est mieux préparé à se laisser pénétrer par les
liquides. Ceux qui redouteraient l'action de l'air et du
soleil sur les crottins déposés à la surface, pourront
les faire recouvrir par un coup de herse ou par un
labour superficiel, mais alors il faudrait procéder avec
beaucoup de précautions, car un enfouissement trop
profond rend l'action de l'engrais beaucoup moins
certaine sur les récoltes et peut réduire notablement
son efficacité.

« Quoique ce procédé, enfouissement par un labour
superficiel, soit assez universellement suivi, dit l'illustre agronome Thaër, il s'est élevé chez moi des
doutes sur la bonté de cette méthode, lorsque j'ai eu
connaissance de quelques expériences faites par un
de mes amis, qui prétend, au contraire, avoir obtenu
des effets plus sensibles du parcage, lorsqu'il était
demeuré quelque temps sans être recouvert. Il est
certain qu'on a souvent éprouvé un grand avantage
d'avoir donné un parcage après avoir enterré la semence. J'ai observé des effets très-sensibles d'un
amendement de cette nature donné sur un champ où
l'on venait de planter des pommes de terre. »

Le parcage peut également être utilisé sur des terrains qui, manquant de consistance, ont trop de légè-
reté; il remplit alors un double objet : en même temps
qu'il féconde le sol, il agit comme moyen mécanique
en le tassant et en le raffermissant, et ce dernier avantage ne doit pas être passé sous silence. Dans les terres
légères, on se dispensera du labour préparatoire, qui
pourrait ici avoir de grands inconvénients, en per-

mettant l'infiltration trop prompte des liquides dans les profondeurs du sous-sol; ce danger n'est nullement à craindre dans les terrains argileux et compactes. Ces derniers, observons-le en passant, ne doivent pas être soumis au parcage par des temps de pluie, quand ils sont gorgés d'humidité, car ils pourraient éprouver de fâcheux effets du piétinement des moutons, qui alors pétrissent la surface et lui font indubitablement plus de tort que de bien.

Dans tous les cas, il faudra toujours s'abstenir de faire parquer les moutons par de mauvais temps, non pas pour se conformer à la recommandation qui précède, mais parce que l'on exposerait le troupeau à de graves accidents, à des maladies dangereuses. C'est ce qui nous a fait dire précédemment que cette pratique était subordonnée aux influences climatériques, car il est certainement des localités froides et humides, à sol fort et imperméable, où l'on ne peut penser à appliquer le parcage, à moins de posséder des races excessivement rustiques.

Le but que le cultivateur se propose dans la tenue de cette espèce de bétail influera également sur sa décision, car le parcage nuit indubitablement aux qualités de la laine, et lorsque dans celle-ci réside la spéculation du fermier, il aura tout intérêt à tenir les animaux à l'abri, dans des locaux où leur toison ne puisse subir de dégradation. Il est à peine nécessaire de faire remarquer que toutes les races de moutons ne supportent pas le parcage; les races les plus robustes, les plus vigoureuses peuvent seules y être soumises sans danger.

Pour obtenir une fumure égale, il faut tenir compte de l'habitude qu'ont les moutons de toujours se grouper, de la propension qu'ils ont à se tenir serrés les uns contre les autres; si l'on n'a pas soin de leur donner une étendue en rapport avec leur nombre, ces animaux se porteront tous d'un même côté au lieu de se répartir uniformément dans l'enceinte, et l'on n'obtiendra qu'une distribution inégale de l'engrais. Pour arriver à une répartition plus parfaite et par suite à des effets uniformes, il est donc préférable de n'assigner aux bêtes ovines qu'un espace moindre que celui qu'elles peuvent fumer en une nuit et de réduire ensuite la durée d'une manière proportionnelle. Ainsi, par exemple, si dans le courant d'une nuit un mouton peut parquer un mètre carré, on ne lui attribuera qu'un espace moitié moindre, soit un demi-mètre carré, et l'on changera le parc une fois dans la nuit ; supposons que l'on entre les animaux au parc à six heures du soir ; à minuit, on formera une nouvelle enceinte dans laquelle ils séjourneront jusqu'à six heures du matin. Par cette combinaison, tout en fumant la même étendue, on arrive à une répartition beaucoup meilleure et plus profitable à la récolte.

Dans les traités d'agriculture, on trouve des chiffres dont le but est d'indiquer le nombre de moutons qu'il faut faire parquer sur un hectare de terre pour donner une forte, une moyenne ou une faible fumure. Mais, à nos yeux, ces chiffres ont très-peu de valeur ; ils ne nous fournissent en réalité aucune indication positive et nous pourrions renouveler ici le reproche que nous avons adressé à ceux qui condamnent le parcage sans restriction aucune. Pour établir le degré d'importance que méritent ces chiffres, il nous suffira d'en mettre quelques-uns sous les yeux de nos lecteurs ; ils apprécieront ainsi par eux-mêmes la confiance qu'ils doivent ajouter à ces données incomplètes.

Thaër distingue trois espèces de parcage. Le parcage léger, le parcage moyen et le parcage fort. Il regarde comme un parcage faible, celui qui résulte du séjour de 4,800 moutons sur un hectare pendant une nuit; comme un parcage moyen, celui qui résulte du séjour de 7,800 moutons pendant le même temps, et pour un parcage fort, il indique 9,700 bêtes.

John Sinclair, qui écrivait en Angleterre, regardait 2,500 bêtes à laine comme un nombre suffisant de têtes pour donner la fumure à un hectare.

Dans les environs de Paris, on emploie ordinairement à la fumure de la même étendue, 4,320 moutons.

Le comte de Gasparin, dans son Cours d'Agriculture, dit que le séjour de 10,000 moutons sur un hectare de terre, pendant une nuit, fournit une fumure que l'on peut représenter par 14,000 kilogrammes de fumier de ferme.

Voilà, on en conviendra, des appréciations qui sont passablement divergentes et celui qui chercherait à éclairer sa détermination en consultant les auteurs que nous venons de citer, se trouverait, nous semble-t-il, dans un grand embarras. Est-ce à dire que toutes ces données soient fausses? Telle n'est pas notre pensée. Quelque dissemblables que soient ces chiffres, ils peuvent être vrais, mais tels qu'ils sont présentés ils n'ont qu'une médiocre importance pour le praticien. Les premiers chiffres s'appliquent sans doute à de petits animaux, nourris sur de maigres pacages; ceux de Sinclair, au contraire, concernent les moutons anglais, qui sont de fortes bêtes et reçoivent une abondante nourriture.

Pour concilier ces différentes indications et en tirer des inductions profitables, il faudrait posséder des renseignements qui ont été complétement négligés par ces différents agronomes. On devrait savoir à quelles races appartenaient ces animaux, quels étaient leur taille, leur poids, leur régime alimentaire, s'ils étaient entretenus sur de gras ou de chétifs pâturages, etc. Le poids de ces animaux est extrêmement variable; chez certaines races, les individus marqueront 30 à 40 kilogrammes à la balance, tandis que chez d'autres, ils n'arriveront qu'à 12 ou 15 kilogrammes. Ajoutez à cela le régime alimentaire, qui a une si grande influence sur la production et sur la qualité des engrais, et vous comprendrez pourquoi les chiffres fournis par les auteurs offrent si peu de concordance.

Il n'y a pas jusqu'au sexe qui ne réclame sa part d'influence, car les mères reçoivent ordinairement une nourriture plus abondante et elles doivent par conséquent donner une plus forte quantité d'engrais. On estime, en général, que les femelles fument 1/20 de plus que les mâles, de sorte que l'espace réservé à ceux-ci sera proportionnellement moins étendu que la surface attribuée à celles-là.

D'après nos propres observations, des animaux convenablement nourris, entretenus en bon état, et pesant de 30 à 35 kilogrammes, au nombre de 4,000 à 4,400, peuvent fumer un hectare dans l'espace d'une nuit. Sur une semblable fumure, on peut espérer une très-belle récolte.

Dans une ferme des environs de Paris, dont nous avons examiné la culture, on emploie 8,333 moutons du poids de 35 kilogrammes en moyenne, au parcage d'un hectare. A l'époque du parcage, les animaux pâturent sur des mélanges de vesces, de pois, de gesses, etc.; ils reçoivent par conséquent une très-bonne nourriture; la fumure, évaluée à 15,000 kilogrammes du meilleur engrais de ferme, fournit à deux bonnes récoltes, l'une de colza et l'autre de froment. Chaque mouton parque $\frac{12}{10}$ de mètre carré par nuit, c'est-à-dire que dans cet espace de temps, avec 100 moutons, on parque 120 mètres carrés.

L'engrais de parcage jouissant d'une grande promptitude de décomposition et n'étant d'ailleurs mélangé à aucune espèce de litière, n'est pas de longue durée et ne fait guère sentir son influence au delà de la première récolte. Cette durée est évidemment subordonnée à la force de la fumure, mais celle-ci n'est jamais très-considérable, car la grande énergie des déjections des bêtes à laine s'oppose à ce que l'on dépasse certaines mesures commandées par la prudence, de sorte que, en général, le parcage est renouvelé pour chaque récolte. On compte ordinairement pour une nuit de parcage,

En Avril, 9 heures.	En Août, 9 1/2 heures.
Mai, 8 —	Sept., 11 1/2 —
Juin, 7 —	Oct., 13 1/2 —
Juill., 8 —	Nov., 15 —

La force de la fumure n'est pas en raison de la longueur des nuits, car il faut faire attention que la nourriture n'est pas uniforme pendant les huit mois que peut durer le parcage, et c'est précisément aux mois où la nourriture est la moins abondante que correspondent les nuits les plus longues (1). Le praticien aura soin de tenir compte de la nature de l'alimentation et de la durée des nuits, s'il veut arriver à une appréciation exacte de la fumure obtenue par ce moyen.

Nous n'avons pas fixé l'espace de terrain qui doit être assigné à chaque bête dans le parc ; cette indication, on le comprend, est subordonnée à la force et à

(1) La durée du parcage varie naturellement suivant les régions ; il est des localités où il n'est pas possible de sortir les animaux avant le mois de mai et où il faut les rentrer avant le mois de novembre.

la taille des animaux et chacun pourra aisément déterminer l'étendue convenable, étendue qui doit naturellement toujours être assez grande pour permettre aux animaux de se coucher. Que l'on ne perde toutefois pas de vue l'observation que nous avons présentée plus haut, à savoir que les bêtes à laine ont une tendance à s'agglomérer, à se presser les unes contre les autres et qu'en leur assignant une étendue trop grande, il y aura des parties qui ne seront pas fumées.

Pendant les grandes chaleurs il est bon de rentrer les animaux au parc vers midi et de les y tenir jusqu'à quatre heures du soir. Le matin, on attend que la rosée soit dissipée, avant de les faire sortir; cette précaution est rendue nécessaire par la voracité avec laquelle les moutons se jettent sur l'herbe humide, voracité qui peut occasionner de graves accidents. Avant de faire sortir les animaux du parc, il faut avoir soin de les mettre en mouvement afin qu'ils se vident et déposent leurs excréments dans l'enceinte.

Le parcage ne paraît pas être également profitable à toutes les plantes qui font l'objet de nos cultures. Dans les localités où cette méthode est usitée, on l'applique préférablement aux végétaux qui n'ont rien à redouter d'un engrais dont la décomposition est rapide, tels sont : le colza, les navets, les fourrages, les prairies, etc. Il convient également à certaines céréales, l'avoine, par exemple, mais certains praticiens assurent qu'il donne la rouille au froment. Cette dernière assertion est au moins hasardée : tous les faits sur lesquels elle s'appuie sont sujets à contestation ; ce qui est plus probable, c'est que sur un fort parcage, la récolte est exposée à la verse. On dit encore que l'orge venue sur une semblable fumure est moins riche en fécule et convient moins à la fabrication de la bière.

Pour faire comprendre combien il serait téméraire de proscrire entièrement le parcage dans toutes les conditions, nous rapporterons les paroles de Schmalz, praticien très-distingué à qui l'on n'adressera certes pas le reproche de n'avoir expérimenté que dans son cabinet : « Quoique je n'aie jamais pu reconnaître avec une exactitude rigoureuse combien cent moutons, par exemple, pouvaient produire de fumier, pendant les nuits d'été, avec la quantité de litière ordinaire, je me suis assuré qu'avec cette masse de fumier je ne pouvais pas fumer la même étendue de terre, que je pouvais parquer avec le même nombre de moutons, en ne déplaçant les parcs qu'une fois par nuit. Sous le rapport de l'action, la fumure des parcages surpasse toujours, pour la première année, celle du fumier avec litière, l'une et l'autre du même nombre de bêtes et du même nombre de nuits. Après le parcage, l'orge avait l'avantage sur l'orge fumée.

« Le parcage agit favorablement de plusieurs manières sur le sol. Les excréments décomposés ne servent pas seulement par eux-mêmes à la nourriture des plantes, mais encore les urines décomposent les substances nutritives qui se trouvent dans le sol même. Les terres parquées se distinguent toujours, par leur état meuble et leur propreté, des terres non parquées. Le trépignement des moutons produit aussi un effet analogue à l'effet délayant des urines et est très-favorable à l'ameublissement de la terre. J'ai remarqué souvent que des champs en apparence tassés par ce trépignement, s'ameublissaient beaucoup plus par le labour et rendaient de plus belles récoltes que ceux qui n'avaient pas été parqués et présentaient avant le labour une apparence plus meuble; les endroits, par exemple, qui avaient servi de chemin aux moutons et où ils avaient passé plus souvent.

« Le parcage appliqué aux céréales d'hiver donne ordinairement plus de paille qu'une fumure de fumier ordinaire, ce qui est encore une considération en faveur du parcage (1), d'autant plus qu'il ne coûte lui-même point de litière, et qu'il en peut être ainsi plus largement employé dans les étables. Les pièces parquées sont plus exemptes de mauvaises herbes que les pièces fumées à l'ordinaire, et cette circonstance est souvent très-importante.

« J'ai souvent trouvé un très-grand avantage à faire parquer sur les chaumes de trèfle et à les semer ensuite sur un seul labour. J'en ai toujours obtenu de beau froment et souvent dans la proportion de vingt fois la semence. Le parcage agit d'une manière particulièrement utile pour la décomposition du gazon de trèfle et cette fumure se maintient plusieurs années.

« J'ai fait aussi l'expérience du parcage entre la première et la seconde coupe de trèfle. La seconde coupe devenait magnifique ; seulement les vaches, sans rejeter absolument le trèfle vert de cette coupe, ne paraissaient pas le trouver d'aussi bon goût. Séché, les vaches, les moutons et les chevaux le mangeaient avec plaisir. Le froment semé après le trèfle, ainsi parqué entre deux coupes, réussissait encore mieux que celui semé après le trèfle parqué en automne. Beaucoup d'exploitations ne tiennent pas de jachère, et ne peuvent pas parquer régulièrement, à défaut de terres vacantes. Dans ces exploitations, ce dernier procédé pourrait être employé avec un grand avantage et il vaudrait bien la peine d'en multiplier l'ex-

(1) A moins que l'on n'obtienne cette abondance de paille au détriment de la quantité et de la qualité du grain.

périence. Comme le trèfle se coupe ordinairement au fur et à mesure des besoins, on peut facilement régler le déplacement des parcs sur les coupes successives de trèfle.

« J'ai fait aussi plusieurs fois l'essai du parcage sur des terres ensemencées et j'en ai obtenu des récoltes extraordinairement belles. On comprend que le temps soit bien choisi et que le parcage cesse quand les plantes sont levées.

« Dans le Wurtemberg on parque aussi sur les céréales, notamment sur les blés de mars, après la semaille, et l'on continue même jusqu'à ce que les blés soient à deux et trois pouces hors de terre (1). »

Le pâturage du trèfle blanc et de la spergule, dit Schwertz, par les bêtes à cornes, peut être considéré aussi comme un parcage, ou comme une fumure de parcage, bien même que les animaux ne passent pas la nuit sur les champs. Cette pratique est surtout utile pour les terres sèches et légères et on lui donne, dans différentes contrées, la préférence sur la nourriture à l'étable.

On sait, ajoute le même agronome, combien les Anglais attribuent d'avantages à leur pratique, de faire pâturer sur place par les bêtes à cornes et les moutons, leurs turneps, etc.; ils y attachent une telle importance, qu'ils charrient souvent leurs navets et les répandent sur un champ plutôt que de les faire consommer à l'étable. Quelque peu économique que puisse nous paraître une semblable pratique, on trouve cependant dans cet usage, qui n'est pas tombé des nues parmi ces insulaires et qui s'y maintient par

______

(1) Le parcage peut être employé pour ranimer une semaille qui manque de vigueur et pour activer la végétation. C'est là un avantage du parcage que nous ne devons pas passer sous silence, car il peut rendre de grands services aux cultivateurs.

ses résultats, une preuve de l'utilité des parcages, en général, en d'autres termes, un témoignage évident de la supériorité des engrais animaux frais et sans mélanges, sur les mêmes engrais fermentés et augmentés de volume par une addition de litière.

§ IV.

De la litière.

On donne le nom de litière à toutes les substances végétales et minérales que l'on dépose sur le sol des étables, écuries, etc., afin de procurer aux animaux un couchage plus doux et plus chaud. Mais ce ne sont pas là les seuls avantages de la litière, elle remplit encore d'autres objets très-importants : par son emploi, on prévient la déperdition des déjections liquides, on maintient le bétail plus propre et partant dans des conditions plus favorables à la conservation de sa santé et l'on augmente, d'une manière très-notable, la masse des fumiers de l'exploitation.

La substance la plus généralement employée comme litière est la paille des céréales, aussi est-elle très-propre à cet usage, sous tous les rapports ; par elle-même, elle peut augmenter la valeur des fumiers, car elle renferme des principes utiles aux récoltes. Le canal dont elle est creusée la rend très-apte à l'absorption des excrétions liquides qui, le plus souvent, sans son intervention s'échapperaient en pure perte ; elle se mélange parfaitement avec les excréments, sert de liant entre les déjections fluides et solides et facilite par conséquent leur accumulation et leur transport ; sa décomposition est prompte, et en peu de temps elle est intimement unie à la masse du fumier ; de plus, elle a l'avantage de ne pas s'attacher à la peau des animaux.

Plus la paille est divisée, plus grande est sa force d'absorption pour les urines, qui la pénètrent alors beaucoup plus facilement pour s'incorporer à elle. Ce n'est donc pas la paille entière et intacte qui est la plus propre à servir de litière, mais bien celle qui a perdu sa rigidité et a été brisée, par un moyen quelconque, avant d'être utilisée.

Ce qui a beaucoup contribué à généraliser l'emploi de la paille en guise de litière, c'est qu'elle se trouve naturellement à la portée du cultivateur. C'est une des plus bienfaisantes prévisions de la nature, dit Schwertz, que celle par laquelle elle fait retourner à la terre, pour y produire une nourriture nouvelle, la tige qui a porté le pain du cultivateur. Aussi malheureux, ajoute-t-il, le laboureur qui ne rend pas la paille à la terre, qui la brûle, la vend ou la gaspille, lorsqu'il n'a pas le moyen de donner à la terre une compensation suffisante.

Du reste, la valeur de la paille est généralement et depuis longtemps appréciée ; nous n'en voulons pour preuve que les prix élevés auxquels elle est cotée sur les marchés, et les clauses insérées dans les baux, clauses qui interdisent aux fermiers la vente de la paille et leur imposent l'obligation de la consommer dans l'exploitation en la faisant servir comme litière ou comme nourriture pour le bétail.

La paille possède peu de qualités nutritives et comme telle ne peut guère être utile au bétail qui s'en nourrit. Elle n'est guère propre qu'à servir de lest et, sous ce dernier rapport, il peut être très-avantageux d'en abandonner chaque jour une certaine quantité aux animaux, qui alors digèrent infiniment mieux les aliments qu'on leur administre. Mais que l'on ne s'y trompe pas, cette addition ne dispense aucunement de distribuer au bétail une nourriture suffisante et substantielle : ce n'est même qu'à cette condition que l'on peut en espérer une action favorable.

Si la paille est donnée comme nourriture au lieu de servir comme litière, il est bien difficile de maintenir les animaux dans un état de propreté convenable, à moins que les étables ne présentent une construction particulière ou que l'on ne dispose d'autres matières propres à la remplacer. En outre, les excréments privés de litière se recueillent avec difficulté, leur transport est infiniment moins commode et leur répartition s'effectue avec moins de régularité. Enfin ne perdons pas de vue que, pour une même nourriture, la quantité de fumier est toujours plus considérable là où l'on administre une forte quantité de paille en litière, et cette considération a bien quelque importance.

Nous ne prétendons pas induire de ce qui précède que l'on doit administrer au bétail une litière surabondante; ici, comme en tout, il faut se garder des extrêmes; l'exagération fait tort aux meilleures choses. La quantité de litière est subordonnée à celle des fourrages administrés, ainsi qu'à la nature des aliments et l'état des excréments, et, sous ce dernier rapport, les saisons réclament leur part d'influence. Plus la nourriture sera copieuse et plus aussi elle sera aqueuse, plus la proportion de litière devra être élevée. Cette proportion doit aussi varier avec la fluidité des excréments, et l'on comprend alors que les bêtes bovines exigent une litière plus abondante que le cheval. Les moutons, dont les crotins sont généralement secs, n'ont besoin que d'une quantité minime de litière, celle nécessaire à l'absorption des urines qui, chez ces animaux, sont peu abondantes.

On conçoit aisément qu'il nous est impossible de donner des indications précises sur la quantité de litière, en un mot, de fournir des chiffres, car ceux-ci sont essentiellement variables, et doivent différer non-seulement d'une contrée à l'autre, mais aussi d'une ferme à une autre. Tout ce que l'on peut dire de plus général à cet égard, c'est que la quantité de litière doit toujours être suffisante pour absorber toutes les déjections liquides. Lorsque la paille est donnée à profusion, on obtient à la vérité une plus forte masse de fumier, mais celui-ci est doué de moins de propriétés, il possède moins d'énergie et ne produit pas sur les récoltes des effets aussi favorables qu'un fumier où les proportions ont été judicieusement combinées.

La pénurie de litière est surtout très-préjudiciable dans les exploitations où aucune disposition n'est prise pour éviter la déperdition des engrais liquides. Par son mélange avec les excréments du bétail, la paille gagne considérablement en poids, et l'on peut dire, sans exagération aucune, que par cette union son poids est triplé, ce qui influe d'une manière très-prononcée sur l'augmentation et la masse générale des fumiers.

Dans les grandes villes, la paille a toujours une grande valeur, et lorsque le cultivateur est à la portée d'un marché avantageux, il ne doit pas hésiter, selon nous, à profiter du débouché qui lui est offert, mais à condition d'employer toutefois l'argent qu'il retire de la vente à acheter des engrais.

Les exploitations où les fourrages manquent, utilisent la paille pour l'alimentation du bétail ; parfois aussi il arrive que les pailles récoltées sont insuffisantes pour procurer à tous les animaux une litière convenable : dans ces circonstances, on doit remédier à cette pénurie par l'utilisation des feuilles d'arbres, des fougères, des genêts, de la bruyère, par l'emploi du sable, de la tourbe, de terres rapportées, de la marne, etc., etc.

Les feuilles des arbres se laissent moins facilement pénétrer par les liquides que la paille des céréales, leur tissu se prête moins à une prompte absorption des fluides animaux, et par suite leur décomposition s'opère plus lentement. La fermentation se trouve ainsi retardée, et il en résulte que l'on doit attendre davantage la bonification des fumiers, et que le moment de leur emploi est reculé. Cette résistance que les feuilles présentent à une rapide pénétration des liquides est un grave inconvénient, car ceux-ci, n'étant pas absorbés par la litière, s'échappent et se perdent inutilement lorsque les dispositions nécessaires pour les recueillir n'ont pas été prises, et celles-ci font généralement défaut dans les localités où l'on emploie les feuilles des arbres comme litière.

Les feuilles constituent évidemment une ressource dans certaines circonstances, mais on peut dire que, généralement, elle n'est qu'à la portée du petit cultivateur qui utilise la main-d'œuvre de la famille, et ne porte pas en ligne de compte les journées consacrées à la récolte de cette litière ; les conditions sont toutes différentes pour celui qui, pour opérer ce travail, doit recourir aux étrangers.

L'enlèvement des feuilles dans les forêts est, du reste, une opération que nous ne pouvons nous dispenser de condamner, car elle ne s'accomplit qu'au grand préjudice de la surface boisée qui ne reçoit aucun secours en engrais, et n'a pour réparer les pertes qu'elle éprouve que la dépouille des arbres formant sa couverture. C'est surtout dans les bois taillis que l'enlèvement des feuilles cause de graves préjudices, et, à notre sens, leur détérioration doit être la conséquence d'une pratique barbare, que l'on ne devrait tolérer sous aucun prétexte, dans l'intérêt de la conservation des forêts.

Parmi les feuilles de nos arbres, il en est qui renferment un principe nuisible à la végétation, telles sont les feuilles du chêne; il faut alors avoir la précaution de ne les transporter sur les terres que lorsqu'elles ont été mélangées parfaitement avec les excréments, et lorsqu'elles ont subi une décomposition complète, autrement on exposerait les récoltes à en éprouver de fâcheux effets.

La végétation qui se développe sous les arbres est un indice de la valeur de leur dépouille, et à ce titre, les *aiguilles des pins et des sapins* méritent une mention spéciale. Toutefois ces dépouilles, comme celles des arbres feuillus, ne se décomposent que lentement et retardent la fermentation des fumiers qui doivent être conservés en tas plus longtemps que si les excréments eussent été mélangés à de la paille; mais lorsque le mélange a eu lieu, que les phénomènes de la fermentation se sont accomplis, le fumier qui en résulte est pourvu de propriétés qui ne le cèdent en rien à celles du fumier obtenu au moyen de la paille.

La *fougère* peut aussi être employée comme litière dans les localités qui la fournissent en abondance. Cette plante est très-riche en potasse, substance très-utile aux plantes qui entrent dans nos rotations, et concourt par conséquent à accroître les qualités des engrais auxquels elle se trouve mélangée. La fougère utilisée comme litière est surtout avantageuse lorsqu'elle reçoit cette destination encore fraîche, car alors elle se décompose très-facilement; il n'en est pas de même lorsqu'elle a préalablement été soumise à la dessiccation; mais nous ne nous dissimulons pas que, sous le premier état, elle présente des inconvénients en ce sens qu'elle procure au bétail une couche moins saine, moins hygiénique. Dans tous les cas, il faut toujours avoir soin de la faucher avant qu'elle ne se soit entièrement desséchée sur pied, car les pluies lui font perdre une partie de sa richesse, et lui enlèvent beaucoup de ses propriétés utiles.

Les *joncs*, les *roseaux* et les *herbes aquatiques* sont aussi utilisés comme litière, et offrent une ressource qui n'est nullement à dédaigner, lorsqu'il y a pénurie de paille et qu'on peut se les procurer économiquement : les plantes se décomposent aussi plus promptement, lorsqu'elles sont employées à l'état frais; desséchées, elles résistent très-longtemps à la putréfaction.

La rareté des fourrages, la pénurie de paille sont deux motifs qui ne permettent pas de faire servir cette dernière à liter le bétail dans les pays pauvres, dans les landes. Le sol de ces contrées est ordinairement léger, et produit en abondance une plante qui s'y développe en quelque sorte à l'exclusion de toutes les autres, et constitue une véritable ressource pour les cultivateurs de ces régions, la *bruyère*. Cette plante fait l'office de la paille et est donnée comme litière aux animaux. Ses tiges ligneuses, dures et consistantes, s'opposent à la rapide absorption des urines; aussi doivent-elles séjourner longtemps dans les étables, car ce n'est qu'après un piétinement prolongé qu'elles se laissent pénétrer par les liquides. Là où la bruyère sert de litière, elle reste toujours plusieurs mois dans les étables et dans les cours de fermes, où elle est plongée dans les déjections

7.

liquides qui s'échappent des bâtiments, et soumise aux pieds du bétail qui sort régulièrement pour aller à l'abreuvoir, ou pour tout autre motif. Pour obtenir une absorption plus complète, on ne se borne pas constamment à administrer la bruyère seule, bien souvent on écroûte le gazon et l'on dépose le tout sur le sol des logements réservés aux bestiaux. Par cette couche de gazon, jointe aux débris végétaux, on procure aux animaux un couchage meilleur, plus doux et plus solide.

La bruyère, à cause des propriétés que nous venons de lui reconnaître, entre très-avantageusement dans la composition des fumiers destinés aux terres légères qui la fournissent. La consistance de ces plantes est cause qu'elles retiennent fortement les sucs dont elles sont pénétrées, les cèdent moins facilement que la paille, et contribuent ainsi à entretenir une humidité bienfaisante dans ces sols si exposés à souffrir de la sécheresse pendant la belle saison.

Par la cohésion dont elles sont douées, les bruyères unies au fumier et confiées à la terre présentent un autre avantage; elles résistent plus longtemps dans ces sols, où la décomposition marche si rapidement, et peuvent par conséquent fournir aux besoins des plantes qui occupent la surface pendant une période plus prolongée.

Cette méthode n'est applicable évidemment que dans les contrées où les terres vagues, livrées à la bruyère, sont en fortes proportions comparées aux terres cultivées, car celles-ci exigent, pour l'entretien de leur fécondité, une étendue au moins égale à la leur. La bruyère pousse lentement, et comme on ne se contente pas toujours de la faucher, car souvent on enlève une couche de gazon en même temps que la plante, le sol emploie des années à reformer sa couverture, et la méthode ne peut se continuer que dans les domaines entourés d'une vaste étendue de terres incultes.

On porte souvent un jugement très-sévère sur cet usage, que l'on considère comme une spoliation véritable de la force productive du sol; mais il ne faut pas trop se hâter de condamner une pratique qui, comme on a pu le voir, présente certains avantages dans ces sortes de terres et doit avoir sa raison d'être, puisqu'elle se perpétue. Nous sommes certainement très-éloigné de dire que la culture des landes et bruyères ne soit susceptible de subir des modifications avantageuses, mais nous nous abstiendrons toujours de formuler un blâme absolu contre les méthodes usitées, car il ne faut pas perdre de vue que la position du cultivateur est toujours dominée par les circonstances; il est nécessaire de voir les choses de près pour les apprécier à leur juste valeur, d'examiner attentivement les conditions qui sont faites au malheureux cultivateur des landes, et l'on sera alors assurément moins enclin à exagérer ses fautes. Nous regardons nos bruyères comme appelées à acquérir une grande valeur dans l'avenir, mais nous ne pouvons nous ranger du côté de ceux qui pensent que les méthodes perfectionnées peuvent s'y implanter brusquement. Le système de temporisation est celui que la prudence nous semble indiquer, et nous en sommes partisan; nous avons un profond respect pour les transitions, et, dans notre opinion, ceux qui les foulent aux pieds s'engagent dans une voie dangereuse à plusieurs titres, car ils s'exposent à éprouver des échecs ruineux, et ils compromettent gravement les progrès de l'agriculture. Mais ce n'est pas ici le lieu de développer notre manière de voir dans la question des défrichements, nous bornerons là nos réflexions, et nous reviendrons au sujet qui doit spécialement nous occuper ici.

Le *genêt* est aussi une plante qui pousse dans les landes, mais elle exige dans le terrain plus de qualités que la bruyère. Les propriétés de celle-ci se rencontrent dans le genêt qui, en outre, est très-riche en potasse, substance très-utile à la plupart de nos plantes cultivées. Pour se faire une idée de la valeur de ses débris, il suffit d'examiner l'herbe qui pousse sur les champs qui portent le genêt, et, par cette inspection, on se convaincra facilement qu'il exerce réellement une influence améliorante sur le sol. Ceux qui ont visité l'Ardenne savent que les genetières produisent un pâturage formé par une herbe excessivement fine, très-recherchée pour le mouton. Les genêts peuvent donc être employés très-avantageusement comme litières, et les cultivateurs doivent les utiliser lorsqu'ils les ont à leur portée; mais nous ferons remarquer que lorsqu'on les destine à cet usage, il est préférable de les récolter avant qu'ils aient acquis un développement trop considérable, car alors ils sont plus aptes à servir de bois de chauffage qu'à liter le bétail. — Notre opinion est que, dans les Ardennes, le genêt n'est pas apprécié à toute sa valeur, et que plus tard il concourra très-efficacement, par un emploi plus judicieux, à l'amélioration de ces landes.

La *sciure de bois* est une matière qu'on laisse généralement perdre, alors que l'on pourrait parfaitement l'utiliser comme litière dans les localités où l'on peut se la procurer; elle est très-propre à absorber les parties fluides des excréments et à former une bonne couche pour le bétail, et puis elle est très-riche en principes profitables à nos récoltes. Lorsqu'elle s'est trouvée en contact prolongé avec les déjections des animaux, son emploi n'expose à aucun danger. M. Magne, dans son *Traité d'hygiène vétérinaire*, considère la sciure de bois comme fournissant une litière très-bonne pour le cheval; voici ce qu'il dit : « A Spitrhut, M. Preuss entretient cinquante chevaux qui n'ont jamais d'autre litière que six centimètres de *sciure de bois*, et qui ne sont jamais atteints ni de teignes, ni de desséchement des sabots. M. Nérust, directeur des postes à Tilsitt, conseille cette litière pour les maladies des pieds. Dans la Forêt-Noire, on l'emploie concurremment avec la bruyère. »

On se sert aussi avantageusement des *gazons*, comme litière; ils peuvent donner une excellente espèce d'engrais et leurs propriétés sont considérablement accrues par un séjour prolongé dans les étables. Les gazons, formés par de la terre et entrelacés de petites racines, sont très-poreux et par conséquent très-propres à absorber les urines et toutes les parties fluides des excréments, et ils concourent à augmenter considérablement la masse des engrais.

Il ne sera pas inutile d'ajouter que les gazons doivent toujours être employés secs, et qu'il est nécessaire de les déposer dans des lieux où ils soient à l'abri de la pluie, en attendant le moment de les distribuer dans les étables.

La *tourbe* est également très-propre à servir de litière, car elle est douée d'une grande force d'absorption et procure au bétail un excellent couchage. Cette substance à l'état naturel possède des propriétés qui peuvent nuire à la végétation, mais elles disparaissent complétement par le passage de la tourbe dans les étables, où elles se trouvent neutralisées par l'action des urines et des excréments et la fermentation qui se déclare ultérieurement dans la masse.

Enfin, dans les localités où la litière fait défaut,

on y supplée encore par la terre, la marne et le sable, substance que nous allons rapidement passer en revue.

La *terre sèche* fournit une bonne litière dont tout cultivateur soigneux profitera lorsque les circonstances le lui permettront. Elle se laisse facilement pénétrer par les excrétions liquides, et contribue ainsi à procurer au bétail une couche sèche et saine. Le pouvoir absorbant des matières terreuses ne s'exerce pas seulement sur les déjections fluides, mais aussi sur les substances gazeuses qui sont par là acquises aux engrais. C'est surtout dans les bergeries et dans les exploitations où le fumier séjourne longtemps sous le bétail, que cette espèce de litière est avantageuse; mais il faut avoir soin d'ajouter journellement une certaine quantité de terre sèche, qui entretient le pouvoir absorbant; on procure ainsi au bétail une litière sèche, et les conditions sont plus favorables à l'entretien de la santé des animaux. Par-dessus la terre, il est également très-avantageux de disposer une légère couche de paille ou de toute autre substance végétale, nécessaire pour le maintien de la propreté, sinon la terre peut adhérer aux poils des animaux et les salir.

Aujourd'hui, chez bon nombre d'agriculteurs éclairés, on emploie les litières terreuses, surtout dans les locaux réservés aux bêtes à laine où il règne ordinairement une odeur très-forte due aux urines, atténuée par la présence de la terre; mais il ne faut pas perdre de vue que l'emploi de cette substance exige beaucoup de travail et occasionne par conséquent des frais assez considérables. Ces considérations sont importantes au point de vue économique, et le cultivateur ne se décidera à adopter cette pratique, que lorsque ses calculs lui auront démontré que ses frais seront compensés par les résultats, ou lorsque la nécessité le forcera à y avoir recours.

La *marne*, outre certaines qualités qui lui sont propres et résultent de sa composition, jouit de toutes les propriétés assignées plus haut aux terres. Dans ces derniers temps, plusieurs cultivateurs français en ont fait usage comme litière, et ont obtenu des résultats très-satisfaisants ; cette matière procure au bétail une excellente couche, très-absorbante, et entretient la salubrité dans les étables ; elle fortifie le pied des animaux et, au dire de M. le général Higonet, elle a diminué, dans une proportion notable, les avortements de ses vaches. Le même agronome est convaincu que l'emploi de la marne comme litière a beaucoup contribué à préserver son troupeau (de près de deux cents bêtes à cornes) des effets terribles de la péripneumonie qui a dévasté sept domaines de son voisinage. Cette dernière assertion exige de nouveaux faits pour sa confirmation, aussi la donnons-nous sous toutes réserves.

En faisant servir cette substance à liter le bétail, on obtient un double résultat, car en l'appliquant au sol on fume et l'on opère un marnage. Les restrictions que nous avons faites à propos des litières terreuses sont applicables aux litières marneuses, c'est assez dire que nous ne préconisons pas l'application générale de ces dernières. Il ne faut pas non plus se dissimuler que l'enlèvement journalier du fumier des étables où l'on fait servir la marne comme litière occasionne un travail plus pénible, et que le transport sur les champs est plus difficile, car le poids est notablement augmenté et le fumier est plus lourd. Il est une autre considération qui ne doit pas non plus être perdue de vue, c'est que toutes les espèces de marnes ne sont pas également profitables dans toutes les circonstances; la nature du sol auquel elles doivent être incorporées influe beaucoup sur les effets que l'on doit en attendre. Les développements que ce dernier point comporte ne peuvent trouver place ici; ils seront exposés à l'article *marne*, dans le Traité qui fera suite à celui que nous publions aujourd'hui.

Pour terminer les détails que nous avons cru devoir consacrer à la litière, il nous reste à parler du *sable*. Nous empruntons les renseignements suivants à Schwertz, que nous aimons à citer à cause de la lucidité de son style et du bon sens pratique qui règne dans ses écrits.

Le *sable* est, beaucoup plus souvent que la terre, employé comme litière dans les étables, et partout où l'on peut l'avoir facilement et où on laisse le fumier quelque temps sous les bêtes, on ne devrait jamais négliger ce moyen, surtout lorsque le fumier en provenant est destiné à des terres argileuses, ou à des prairies aigres ou infestées de mousse. L'urine des animaux est par trop précieuse pour que ce ne soit pas une faute d'en laisser perdre une goutte. Le sable s'en charge et s'en abreuve très-facilement, et, ainsi abreuvé, il se laisse plus facilement manier que la terre.

Dans plusieurs contrées, on emploie communément le sable comme litière d'été pour les chevaux. On répand, tous les soirs, un peu de sable, que l'on recouvre avec de la paille. On continue ainsi pendant trois semaines à un mois, on enlève le sable que l'on mêle au fumier et qui forme avec lui un excellent engrais. Mais c'est dans les étables de moutons que le sable trouve son meilleur usage. J'ai coutume, dit Pictet, de répandre dans les étables et dans les cours de mes moutons un demi-pied de sable, que je couvre de paille. J'ajoute journellement de nouvelles couches de paille, afin de conserver mes laines aussi propres que possible. Après deux ou trois mois, le sable, imprégné de déjections, me fournit un excellent moyen d'engrais pour les terres froides et les prairies. On ne saurait assez recommander cette pratique aux propriétaires à troupeaux; car, outre qu'elle est productive de bons engrais, qui auraient été perdus sans cela, elle contribue à la santé des troupeaux en rendant leurs étables moins humides, ce qu'on n'obtient pas en employant la terre au lieu de sable.

Dans la province hollandaise de Twente, rapporte de Bœnninghausen, on emploie le sable pour faire le fond de la litière aux étables des moutons; il y est destiné à fournir l'engrais des prairies. Avant les gelées, on le sort des étables et on le distribue en petits tas sur les prés; avant le dégel, on brise les tas et on répand l'engrais. Le plus grand effet de cet engrais se remarque sur les prairies d'un sol peu consistant, spongieux, ou infesté de mousses, surtout lorsque le sable employé en litière est très-grossier. De tous les sables à employer de la sorte, les sables calcaires ou marneux sont cependant les meilleurs.

Dans certaines exploitations qui n'ont pas à leur portée une carrière ou un terrain de sable sans autre destination, on prend le sable de litière même sur les terres en culture. Mais on a soin de ne pas enlever toute la couche supérieure, ce qui ôterait toute la fertilité; on fait, de distance en distance, à trois ou quatre pieds, par exemple, des rigoles, dans le sens de la largeur du champ, d'où on enlève le sable, et qui se nivellent ensuite par l'action de la charrue et de la herse. L'engrais obtenu par cette pratique est celui qui produit à la fois le plus de paille et le plus de grain.

§ V.

Préparation et emploi des fumiers.

Dans les paragraphes précédents nous avons cherché à démontrer quelle était l'influence de la nourriture et de l'âge des animaux, de la quantité de litière, etc., etc., sur la valeur et l'abondance des engrais produits dans une exploitation rurale; mais le cultivateur aura beau se conformer aux règles qui découlent des observations que nous avons présentées : s'il n'apporte dans la récolte, la préparation et l'emploi des fumiers produits par son bétail, une grande attention et des soins intelligents, il éprouvera chaque année des pertes considérables. Ces points ont une immense importance, et c'est ce que nous avons tâché de faire comprendre au commencement de ce Traité en traçant rapidement les vices dont la conservation des engrais est entachée dans bon nombre d'exploitations; et, nous le disons avec regret, cette esquisse ne s'applique pas à quelques fermes seulement, elle établit l'état actuel des choses dans une grande partie de la Belgique. Et, cependant, c'est dans le fumier que l'industrie agricole puise sa force, c'est lui qui donne le mouvement à la machine, il est la force vive de la production. Que d'agriculteurs paraissent être, à cet égard, dans une ignorance profonde! Un savant agronome a dit : On peut, à la première vue, juger de l'industrie, du degré d'intelligence d'un cultivateur par les soins qu'il donne à son tas de fumier; et nous voudrions que cette vérité incontestable fût écrite sur la principale porte de chaque exploitation rurale.

La manière de traiter le fumier sorti des bâtiments de ferme exerce une immense influence sur sa valeur et ses propriétés. Il nous reste à examiner comment cette opération doit être conduite pour conserver aux engrais toute leur force fertilisante et augmenter leur masse. Nous consacrerons à ce sujet tous les développements qu'il comporte, sans nous écarter toutefois du plan que nous nous sommes imposé, c'est-à-dire que nous éviterons les discussions scientifiques ; nous aurons recours au raisonnement, à l'exposé des faits, et nous arriverons peut-être ainsi à présenter quelques notions claires, à la portée de tous.

a. *Emplacement du fumier.*

Pour déterminer dans une ferme l'endroit où l'on doit déposer les fumiers, il faut tenir compte de la disposition des bâtiments qui servent de logement aux animaux. L'emplacement sera naturellement établi à proximité des écuries et des étables, afin de ménager les transports, c'est-à-dire d'apporter dans cette opération toute l'économie de temps désirable. La forme de l'emplacement varie ; mais quelle que soit celle à laquelle on s'arrête, elle doit satisfaire à certaines conditions, sous peine de ne pas remplir son objet : 1° les jus de fumier doivent se déverser dans un réservoir creusé près des tas et ne pas s'écouler au dehors ; 2° le réservoir ne doit admettre que les liquides qui s'écoulent des tas ; il faut éviter soigneusement que les eaux pluviales qui s'écoulent des toitures, qui baignent les cours de ferme après les averses ou arrivent du dehors, aient accès dans la fosse ; 3° l'emplacement présentera toujours une étendue suffisante pour éviter l'accumulation du fumier sur une trop grande hauteur ; 4° il offrira un accès facile aux attelages, de manière à permettre leur libre circulation.

Les avis des praticiens, quant à la disposition la plus convenable à adopter pour l'emplacement du fumier, sont loin de concorder. Les uns déposent le fumier sortant des étables et écuries dans des fosses, les autres sur un plan incliné; il y en a qui se bornent à donner au sol une légère concavité, et il en est d'autres enfin qui adoptent de préférence des plates-formes carrées ou rectangulaires, légèrement surhaussées vers le milieu, de manière à présenter une légère pente vers les quatre côtés. Quelle que soit du reste la forme à laquelle on s'arrête, l'aire doit toujours être rendue imperméable au moyen d'un pavage, d'un cailloutis ou tout bonnement au moyen d'une couche d'argile bien battue, afin de s'opposer à la pénétration des eaux de fumier dans le sol et de n'avoir, sous ce rapport, aucune perte à éprouver.

Lorsque l'on dépose le fumier dans des fosses, celles-ci ne doivent offrir qu'une faible profondeur et être garnies de murs de trois côtés au moins. Par cette disposition, l'air n'a nullement accès sur les côtés du tas, il n'agit que sur la surface, et les pertes sont évidemment très-réduites; mais elle ne permet guère de régler l'humidité de la masse, et le chargement des voitures doit présenter quelques difficultés, de même que la circulation des attelages.

On reproche aux autres dispositions de présenter une trop grande surface à l'action de l'air et par conséquent de faire perdre aux engrais une partie de leurs principes fertilisants; mais, lorsque la masse est fortement tassée, et surtout lorsque l'on veille soigneusement à ce que les arrosements soient exécutés en temps opportun, les pertes sont loin d'être aussi considérables qu'on se l'imagine.

Par l'adoption des plates-formes, les chargements deviennent extrêmement faciles, les tas sont toujours abordables aux voitures et les charrois ne sont jamais entravés.

On a recommandé, et la méthode est suivie dans quelques exploitations, de déposer les fumiers sous des hangars pour les mettre à l'abri de la pluie et les défendre contre l'action trop vive des rayons solaires. Les raisons que l'on fournit à l'appui de cette recommandation sont excellentes, mais nous ne pouvons nous dissimuler qu'une disposition analogue ne présente quelques inconvénients : les émanations qui se dégagent des tas de fumier attaquent vivement les constructions en bois, de sorte que la charpente de ces hangars, toujours assez dispendieuse, court grand risque d'être promptement détruite. En outre, un emplacement semblable n'est guère propre à faciliter les chargements, et, dans tous les cas, l'abord et le travail des attelages se trouvent entravés. Pour atténuer l'action du soleil sur les tas, on peut recourir aux plantations, encore celles-ci doivent-elles toujours être établies de manière à ne pas gêner la circulation des voitures.

Quelle que soit l'abondance de la litière administrée au bétail, toutes les déjections liquides ne sont pas absorbées, surtout à l'époque où les animaux reçoivent une nourriture aqueuse, des fourrages verts, etc., On doit se garder de laisser perdre ces urines, et, quand on ne les recueille pas dans des réservoirs spéciaux, comme nous l'indiquerons en traitant des engrais liquides, il faut les diriger vers la fosse à fumier pour les réunir aux égouts qui suintent des tas.

Le réservoir consacré à la réception des eaux grasses et des purins arrivant des locaux où est logé le bétail, doit être établi au pied des tas, dans une position telle que les eaux pluviales ne puissent y affluer et que les liquides qu'il renferme ne se déversent pas au dehors. En négligeant cette précaution, le cultivateur se fait un tort immense, il perd par sa faute des matériaux bien précieux pour la végétation.

L'emplacement du fumier doit toujours offrir une légère inclinaison vers la fosse; et lorsque l'on fait usage de plates-formes carrées ou rectangulaires, celles-ci sont circonscrites par des rigoles à pente régulière, déversant tous les liquides qui y affluent dans la purinière. Ces rigoles doivent être garanties extérieurement des eaux de pluie ou autres qui pourraient y arriver du dehors, par un rebord saillant d'un mètre environ de largeur, et d'une hauteur suffisante pour qu'elle ne soit jamais franchie, soit par le liquide de la rigole, soit par les eaux extérieures : douze à quinze centimètres de hauteur suffisent pour atteindre ce double but, et l'on ne doit pas lui en donner plus qu'il n'est nécessaire, parce qu'autrement elle gênerait la circulation des voitures, au moment où l'on transporte le fumier du tas (1).

Les dimensions de la fosse à purin sont en rapport avec l'étendue de l'emplacement nécessaire aux fumiers de la ferme, mais la profondeur ne dépasse guère un mètre et demi et ne doit pas être supérieure à deux mètres. Ce réservoir est le plus souvent construit en maçonnerie et le fond rendu imperméable par une bonne couche de glaise bien damée ou de toute autre manière. Il est très-avantageux d'en fermer l'ouverture par un gril en bois dont les madriers sont assez rapprochés pour éviter l'introduction des matières solides et les accidents de la part des animaux, mais assez larges pour permettre aux liquides d'y pénétrer facilement. Dans la fosse,

(1) Mathieu de Dombasle, *Calendrier du bon cultivateur.*

plonge le corps d'une pompe en bois, au moyen de laquelle on peut verser le purin, soit sur le tas de fumier pour l'arroser, soit dans des tonneaux pour le conduire sur les champs.

Dans certaines parties de la Suisse, au rapport de Schwertz, on a une disposition particulière qui consiste à placer le tas de fumier sur la fosse à purin. Dans le sens de la largeur de celle-ci, on place les uns contre les autres des poutrelles ou de petits arbres, de manière à former une espèce de gril, sur lequel repose le fumier. Les égouts qui sortent du tas tombent alors directement dans la fosse à travers la claire-voie. L'une des extrémités de la fosse reste libre pour recevoir une pompe destinée à ramener le liquide sur le fumier lorsque le besoin s'en fait sentir. Comme le fait remarquer Schwertz, cette disposition n'est guère applicable qu'aux petites exploitations; le gril empêche qu'on puisse passer avec un chariot sur le fumier même et ne permet pas, par conséquent, de lui donner une certaine étendue, qui d'ailleurs, et dans d'autres pays, rendrait cette disposition trop coûteuse.

Pour une exploitation quelque peu considérable, la disposition suivante adoptée par Schwertz, à Hohenheim, nous paraît très-convenable. Le lit du fumier est de niveau avec le terrain environnant et ne forme aucune excavation. Il n'est pas pavé, mais seulement formé d'une couche de moellons posés de champ, recouverte d'une petite couche de débris de pierre un peu menus, mêlés et recouverts d'un peu de terre, le tout bien damé. Ce lit se maintient très-bien. Un lit en bon pavé pourrait être meilleur encore.

La fosse *a* sépare en deux parties *bb* le lit du fumier : chaque partie du lit a une pente d'environ un pied vers la fosse, afin que le suint du fumier y coule et s'y rassemble ; mais comme une certaine quantité de liquide n'en découle pas moins des trois autres côtés des lits, ils sont garnis d'une rigole pavée *ccc*, qui conduit ce liquide dans la fosse.

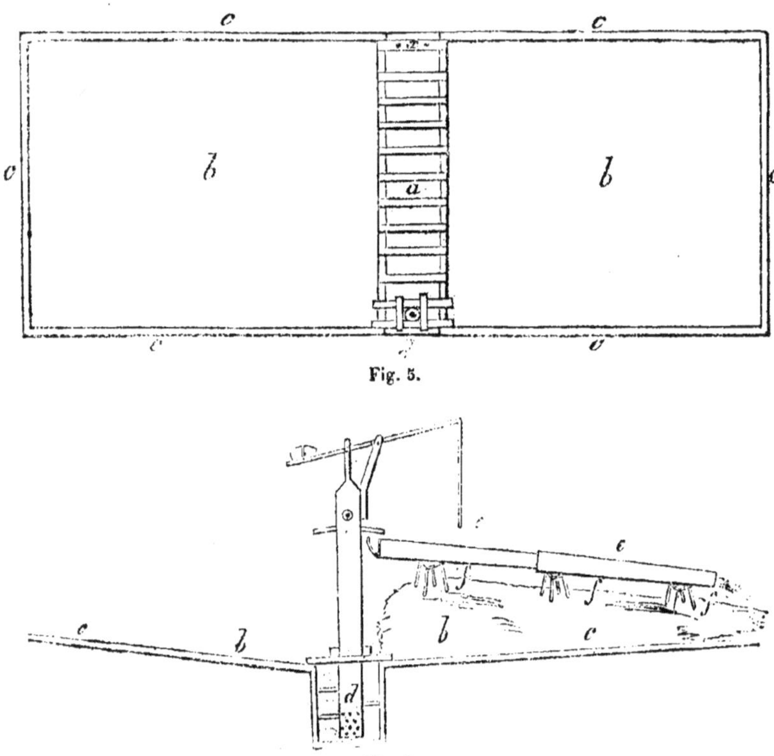

Fig. 5.

Fig. 6.

A l'un des bouts de la fosse est solidement fixée une forte pompe *d*, au moyen de laquelle le liquide peut être ramené sur le fumier, ou, lorsque cela n'est pas nécessaire, versé dans des caisses ou des tonneaux montés sur chariot. Pour faciliter la dispersion du liquide sur toutes les parties du fumier, on emploie la disposition mobile *e* (figures 5 et 6). Elle consiste en plusieurs noues légères, faites de planches bien jointes. Chaque noue est plus large d'un bout que de l'autre, afin qu'elles puissent se poser l'une dans l'autre. Elles sont portées par des chevalets *ff,* dont les jambes doivent être liées en ciseaux par un seul rivet ; les chevalets peuvent ainsi, en s'ouvrant ou en se fermant, donner un point d'appui plus ou moins élevé, de manière à ce qu'on puisse, par suite, donner aux noues la hauteur et la pente nécessaires, suivant la hauteur variable du fumier. L'appareil se transporte facilement, comme cela apparaît au premier coup d'œil, d'une partie du fumier sur l'autre.

L'arrosement des tas de fumier s'opère au moyen d'une pompe rustique qui puise le purin dans le réservoir disposé comme nous l'avons indiqué plus haut. Cet appareil est plus ou moins compliqué, et nous donnerons ici la description de la pompe de M. de Valcourt dont la construction est simple et peu dispendieuse.

Dans un corps de pompe en bois (fig. 7) formé de quatre planches *a*, *b*, *c*, *d*, embouvetées et bien clouées, maintenues d'ailleurs par des traverses *e*, *f*, en bois bitumé, joue un piston *m*, composé à sa partie inférieure d'un cube de bois entaillé sur les côtés de larges rainures *oo*, de manière que son plan superficiel, vu à vol d'oiseau, présente la

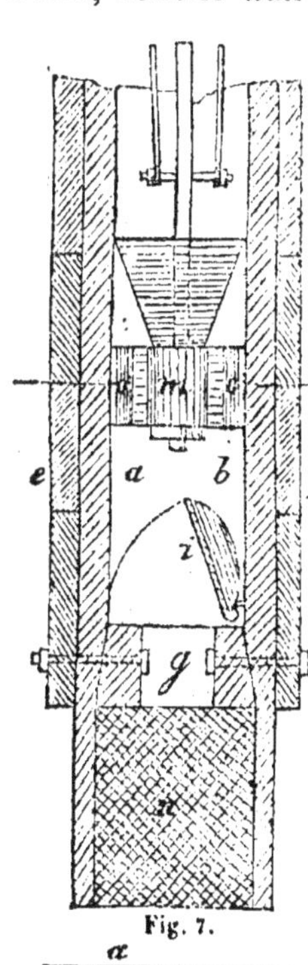

Fig. 7.

Fig. 7 bis.

forme indiquée fig. 7 *bis*. Sur ce cube est fixé un entonnoir carré en cuir, dont les bords s'appliquent à frottement contre les parois du tuyau de la pompe. A! la partie inférieure du corps de pompe est une ouverture dormante g et à clapet i.

Le mécanisme de cette pompe est simple et facile à comprendre. Lorsque le piston monte, il y a aspiration, le clapet se soulève, et l'espace entre le clapet et le piston se remplit; en descendant, le piston pèse sur la colonne d'eau, la soupape se ferme, l'eau monte par les ouvertures des rainures, passe entre les bords du cornet de cuir, qui cèdent à sa pression, et les parois de la pompe; arrivé au bas de sa course, le piston se trouve chargé de la colonne d'eau dont le poids fait joindre les bords du cornet contre les parois de la pompe. Cette colonne peut être ainsi remontée avec le piston.

Il faut avoir soin de laisser les planches les plus larges $a\,b$ dépasser la soupape inférieure de 18 à 21 centimètres; on fait à chacune de ces planches une large entaille, et on recouvre les quatre ouvertures par un treillage n à mailles fines en fil de fer ou plutôt de cuivre, qui retient les ordures et les graviers et les empêche d'être aspirés par la pompe.

Avec un piston ayant 108 millimètres de diamètre, ce qui suffit généralement, on élève 103 litres d'eau en une minute à la hauteur de 9 mètres 74 centimètres.

Dans les petites exploitations, dont les ressources sont le plus souvent très-bornées et où l'on ne peut supporter les frais qu'occasionne la construction d'un réservoir en maçonnerie ou en madriers, il est très-profitable, lorsque l'imperméabilité du sol ne peut être obtenue et que l'on court le risque par conséquent de voir les eaux se perdre, de déposer dans le fond de la fosse une couche de sable, de tourbe, de marne ou de toute autre substance sèche et poreuse, apte à absorber les liquides. Cette pratique est souvent suivie avec avantage par les cultivateurs alsaciens.

b. *Manipulation et préparation des fumiers.*

Le transport des fumiers à l'emplacement qui leur est assigné dans la cour de la ferme est une opération qui, au premier abord, paraît ne pas exiger de grands soins et cependant réclame l'attention du cultivateur pour être faite d'une manière convenable. Dans certaines exploitations, les litières imbibées d'urine et chargées d'excréments, après avoir été tirées de dessous les animaux, sont amenées au dépôt au moyen d'un crochet que l'on fixe dans la masse pailleuse en frappant de haut en bas; avant d'entraîner la portion de fumier dans lequel on a introduit le crochet, on tord celui-ci plusieurs fois de manière à former avec la paille qui y adhère une espèce de rouleau. Cette méthode ne doit être tolérée que dans les fermes où l'emplacement du fumier est rapproché des bâtiments servant de logement au bétail, car durant le trajet une partie des excréments se détache, s'arrête aux bois, aux pierres sur lesquels on passe, et il en résulte des pertes que l'on aurait grand tort de considérer comme insignifiantes et qui sont d'autant plus considérables que la distance à parcourir est plus forte. En outre, comme il est rare que l'on prenne la précaution de dérouler le boudin en l'appliquant sur le tas, la répartition se fait d'une manière inégale, il se forme alors des vides qui sont loin d'être favorables à une bonne fermentation. Il est donc préférable, sous tous les rapports, de se servir pour ces transports d'une brouette basse sans parois.

Les matières ne doivent pas être jetées sans précaution sur le tas ; il faut les diviser et les étendre en couches aussi uniformes que possible, afin de ne pas laisser des vides où se développerait la moisissure. Il importe également qu'elles soient bien tassées, sinon il se loge dans le tas une trop grande quantité d'air, et la fermentation se produit avec une énergie préjudiciable aux bonnes qualités de l'engrais. Ce tassement s'opère par le va-et-vient des brouettes et par le piétinement des hommes préposés à la manipulation.

L'épaisseur qu'il convient de donner aux tas n'est pas une chose indifférente ; elle doit être réglée de manière à faciliter le chargement des chariots, et il ne faut pas perdre de vue qu'une trop forte accumulation peut devenir nuisible en occasionnant une trop grande élévation de température. L'expérience nous indique que la hauteur la plus convenable est comprise entre un mètre et demi et deux mètres, et cette dernière limite ne sera jamais dépassée dans les fermes où les engrais seront traités d'une manière judicieuse et où l'on aura eu soin de donner à l'emplacement des dépôts une étendue suffisante.

Dans certaines fermes, dit M. Boussingault, on réunit dans des dépôts particuliers les fumiers de même origine ; ainsi, on met ensemble les litières des écuries, on en fait autant pour celles des étables à vaches, pour celles du porc, du mouton, etc. Dans de grands établissements, un semblable triage est souvent une nécessité ; mais les avantages que l'on attribue à cette division sont tout au moins contestables et les idées que certains auteurs ont émises à ce sujet, se fondent sur des observations dont l'exactitude peut être mise en doute. Sans nier que certaines cultures ne se trouvent mieux de l'emploi d'engrais spéciaux, il me paraît néanmoins convenable de mettre ensemble toutes les litières ; quand il n'y a pas de trop grandes difficultés locales, on obtient ainsi un fumier moyen, considéré, avec raison, comme celui dont l'application est la plus avantageuse dans les cas les plus généraux. La distinction que l'on a voulu établir entre la qualité relative des fumiers d'origines différentes est beaucoup trop absolue, et c'est pour cette raison sans doute qu'il est fort difficile de faire concorder l'opinion de divers agronomes. Ainsi, selon Sinclair, le fumier de porc serait de tous le plus énergique, le plus riche en principes fertilisants; suivant Schwertz, ce serait au contraire le plus mauvais.

La vérité, poursuit cet agronome, est que des fumiers issus des mêmes animaux présentent souvent plus de différences entre eux, sous le rapport de la qualité, que des engrais provenant de sources très-distinctes, parce que leur valeur dépend surtout de l'alimentation, de l'âge et de la condition dans laquelle se trouve l'animal qui les produit. Il est bien connu que le bétail nourri avec de la paille donne un fumier bien inférieur à celui qui provient d'un régime plus substantiel.

Pour opérer ce mélange d'une manière convenable, le meilleur procédé, ce nous semble, consiste à disposer attentivement sur le tas une couche de chaque espèce de fumier. Par cette méthode on corrige les défauts des différentes espèces de fumier ; c'est ainsi que la trop prompte fermentation du fumier de cheval est arrêtée, tandis que celle trop faible du fumier des bêtes à cornes, des porcs, est accélérée, et nous sommes convaincu que tous ceux qui feront subir ce traitement à leurs litières en obtiendront des résultats avantageux.

La confection des tas de fumier, ainsi que les soins qu'ils réclament jusqu'à leur transport sur les champs, exigent une grande attention et une certaine habileté, et, dans les exploitations étendues, pour que ce travail soit exécuté d'une manière convenable, on doit avoir un valet spécialement attaché à ce service.

Dans les fumiers accumulés en tas, on peut distinguer deux sortes de réactions, dont l'une est de mauvaise et l'autre de bonne nature. La première se produit lorsque la masse est peu comprimée et que l'air y pénètre facilement. Dans ce cas, l'un des éléments de l'air atmosphérique se combine avec certaines parties du fumier, les fait passer à l'état gazeux, et ces nouveaux produits se dissipent dans l'atmosphère au fur et à mesure qu'ils se forment, en laissant un résidu qui se moisit, devient blanc et est dépourvu de toute propriété fertilisante.

La réaction de bonne nature a lieu lorsque le fumier est disposé en tas d'un certain volume, que la masse est serrée et que les litières sont assez rapprochées pour s'opposer à l'introduction de l'air; alors le fumier se décompose lentement et se transforme en une matière grasse, d'une odeur caractéristique, mais non désagréable. Malgré ces dispositions, la fermentation signalée en premier lieu peut encore s'établir pendant les sécheresses, car alors l'humidité s'évapore et la place qu'elle occupait est remplie par de l'air. On pare à cet inconvénient en rendant aux tas, par des arrosements, l'humidité qu'ils perdent par l'évaporation. C'est surtout pendant l'été que ces arrosements deviennent nécessaires.

Dans tous les cas, quelle que soit la compression

que l'on imprime aux dépôts, il n'est pas possible d'expulser complétement l'air, et lorsque les fumiers sont accumulés en quantité suffisante sur l'emplacement qui leur est réservé dans la cour de la ferme, la décomposition ne tarde pas à s'y déclarer, et elle est rendue apparente par une forte élévation de température et un abondant dégagement de vapeurs d'eau unies à des produits gazeux. Ceux-ci renfermant des éléments nutritifs pour les plantes, il serait très-avantageux de s'opposer à leur déperdition, en les fixant dans les tas. Aussi certains agronomes ont proscrit complétement toute fermentation préalable des fumiers, considérant celle-ci comme une dilapidation des principes fertilisants.

Mais il faut savoir se garder de l'exagération, et, en réalité, si la manipulation des engrais est faite avec intelligence, les pertes en matières volatiles se réduisent à peu de chose et sont à peu près insignifiantes. D'ailleurs il faut examiner les choses au point de vue de la pratique, et il n'est pas possible de transporter les engrais sur les champs au fur et à mesure qu'ils se produisent dans la ferme.

L'apport journalier de nouvelles litières sur le tas est un premier obstacle à la dispersion des matières gazeuses; mais pour qu'elles remplissent cet office, elles doivent être réparties en couches uniformes, comme nous l'avons déjà indiqué, et convenablement tassées. En procédant de la sorte, chaque couche nouvellement additionnée joue, par rapport à celles qui se trouvent sous elle, le rôle de condensateur; elle arrête au passage les produits volatils qui tendent à se dégager dans l'atmosphère, préserve les couches inférieures de l'action directe de l'air et modère la putréfaction. La chaleur qui se développe dans les fumiers ainsi préparés, quoique faible, fait cependant passer à l'état de vapeur une partie de l'eau renfermée dans la masse, et ce phénomène se produit avec d'autant plus d'énergie que la température extérieure est plus élevée; pour faire disparaître les dangers qui résultent de cette évaporation, il faut entretenir dans les tas une humidité convenable au moyen des arrosements qui s'exécutent avec la plus grande facilité, lorsque les dispositions que nous avons indiquées plus haut ont été prises.

Quand les tas sont achevés et que les champs qui doivent recevoir le fumier ne sont pas libres, il est indispensable de les recouvrir d'une bonne couche de terre ou de gazon qui défend la surface contre l'action directe des rayons solaires, prévient une évaporation trop énergique, et où viennent se condenser les principes volatils qui se développent dans le sein de la masse. La terre qui sert de couverture se trouve ainsi convertie en un engrais très-riche.

Pour éviter plus sûrement encore la dissipation des produits gazeux qui se forment durant la fermentation du fumier, on a proposé de faire intervenir certains composés dont nous avons déjà eu occasion de préconiser l'emploi, en traitant de la désinfection des matières fécales; nous voulons parler de la couperose et du plâtre. Ces matières ont une grande affinité pour les parties volatiles des fumiers, et, déposées en couches minces, à différentes hauteurs, dans les tas, elles absorbent avec avidité les substances gazeuses et les fixent dans le fumier dont les propriétés fertilisantes se trouvent ainsi considérablement augmentées.

Une précaution sur laquelle nous ne saurions trop appeler l'attention du cultivateur, parce qu'elle a la plus grande influence sur la bonne confection du fumier, est celle qui concerne l'arrosage des tas.

Dans cette opération il y a deux excès à éviter. Une humidité trop abondante est nuisible sous plusieurs rapports : elle ralentit et arrête même la bonne fermentation, rend les charrois difficiles en augmentant inutilement le poids des engrais, et, avec le liquide qui tombe goutte à goutte sur les chemins lors du transport de ces derniers sur les terres en culture, se perdent les parties les plus fertilisantes. L'inconvénient que nous signalons se fait remarquer dans les exploitations où les fumiers sont déposés dans des fosses profondes qui reçoivent en même temps les déjections liquides du bétail. L'extrème sécheresse est infiniment plus désavantageuse encore. Pour apprécier les fâcheux effets de la privation de l'humidité, il suffit d'observer ce qui se passe dans des amas d'excréments de chevaux que l'on n'a pas le soin d'arroser : il s'y développe promptement une fermentation des plus violentes, la température s'élève souvent au point de faire prendre feu à ces matières, et, au bout d'un certain temps, la masse se trouve réduite à un résidu terreux.

On voit combien il est important de maintenir dans les tas de fumier une humidité modérée; quant à la fréquence des arrosements, nous ne pouvons ici rien préciser; cette opération est soumise à trop de circonstances pour que nous puissions fournir des indications certaines; l'espèce de bétail, la nourriture administrée aux animaux, la saison, etc., etc., amènent des variations que l'on comprendra facilement. L'état d'humidité dans lequel nous semblent devoir être maintenus les fumiers en tas, se rapproche de celui dont ils jouissent à leur sortie des étables et écuries. Pour que ce travail soit exécuté avec la régularité et les soins qu'il exige, l'œil du maître est indispensable.

Dans certaines localités, on est dans la vicieuse

habitude de remuer, de retourner le tas pour hâter sa décomposition. C'est là un procédé barbare, condamné par le raisonnement et la pratique, et tout aussi irrationnel que celui qui consiste à mettre le feu au fumier pour n'en employer que les cendres. A la vérité, on accélère par là la décomposition, mais c'est aux dépens des propriétés fertilisantes ; car l'action est plus intense, puisque les points de contact sont multipliés, et les produits gazeux se dissipent et se perdent dans l'atmosphère, ce qui n'est guère propre à augmenter la valeur du fumier.

Le danger que nous signalons est surtout à redouter lorsque la fermentation s'est déclarée ; dès que celle-ci est apaisée, on peut entamer les tas sans que les qualités du fumier soient diminuées d'une manière sensible.

c. *Séjour du fumier dans les étables.*

La méthode consistant à réunir les fumiers extraits des étables sur un emplacement réservé dans la cour de la ferme, est généralement suivie. Cependant, dans certaines contrées, on laisse le fumier s'accumuler sous le bétail, d'où on ne l'enlève que pour le transporter directement sur les terres. Ce procédé, préconisé par l'illustre Schwertz qui l'avait observé dans le cours de ses voyages, notamment dans quelques localités de la Belgique, ne doit pas être repoussé d'une manière absolue, comme il l'a été de la part de certains agronomes. En fait d'agriculture pratique, l'opinion de Schwertz est toujours imposante ; il faut se garder de condamner ses assertions à la légère, car, cultivateur lui-même, il éclairait toujours ses jugements par l'expérience, et la meilleure preuve que nous puissions donner de la valeur du procédé qu'il s'efforçait de faire prévaloir, c'est qu'il tend aujourd'hui à se répandre.

Les litières accumulées en tas dans les cours de ferme exigent une grande surveillance, car elles sont exposées à toutes les fluctuations de l'atmosphère : le froid, le chaud, l'humidité, la sécheresse, sont toutes causes qui peuvent agir défavorablement et amener une prompte détérioration de la masse. Par le séjour du fumier dans les étables, tous ces dangers disparaissent.

Les avantages de cette dernière méthode sont faciles à saisir. Le piétinement continuel du bétail opère un tassement très-considérable qui élimine l'air interposé dans les litières et laisse beaucoup moins de prise à la fermentation que tend à favoriser la température toujours plus élevée des locaux où se trouvent réunis des animaux en grand nombre. Les litières se brisent sous le pied des animaux, elles se divisent davantage, sont triturées avec les excréments et s'imprègnent mieux et plus promptement des déjections liquides, circonstance qui contribue à modérer la fermentation. On n'a pas à redouter ici le délavement par les eaux de pluie, la dessiccation par les vents et le soleil, enfin aucune de ces variations dans l'état atmosphérique qui arrêtent ou précipitent la putréfaction des fumiers. La décomposition, une fois commencée, se poursuit régulièrement sans être jamais interrompue.

On a accusé cette méthode de rendre le logement des animaux insalubre en y entretenant une atmosphère chargée de gaz délétères, produits par le fumier en décomposition ; mais l'expérience fait justice de cette accusation. Le fait est que, dans les étables où l'on conserve ainsi les déjections, il ne règne aucune mauvaise odeur, et les animaux respirent avec autant de facilité que dans celles où l'on nettoie tous les jours. Il est à peine nécessaire de faire remarquer que l'on ne doit pas intercepter la communication avec l'extérieur, il faut que l'air puisse se renouveler comme dans tous les lieux habités par le bétail.

L'addition journalière de la litière fraîche produit ici le même effet que celui que nous avons signalé dans la confection des tas de fumier; elle s'oppose au dégagement des gaz, prévient l'évaporation; elle joue, en un mot, le rôle de condensateur par rapport aux émanations qui se forment dans la masse. Aux avantages précités vient s'ajouter une économie dans la main-d'œuvre : on évite les transports au tas; les fumiers, en sortant des étables, sont déposés sur le chariot qui les conduit directement sur les terres en culture. Par cette méthode, le fumier gagne, parce qu'il n'éprouve aucune perte par la volatilisation et que la décomposition marche toujours lentement et régulièrement, mais il profite encore des émanations répandues par le bétail qui se condensent dans les litières et augmentent leurs propriétés fertilisantes.

Il est facile de concevoir que l'accumulation des déjections dans les bâtiments nécessite l'emploi d'une forte quantité de litière, sinon les animaux séjourneraient dans la fange, ce qui est contraire aux lois de l'hygiène. Aussi la méthode présente-t-elle quelques inconvénients lorsque le bétail reçoit une nourriture très-aqueuse, car alors les déjections liquides sont abondantes, et il faut une énorme quantité de litière pour opérer leur absorption et maintenir une couche saine aux animaux. Comme nous le verrons ci-dessous, au moyen de quelques dispositions dans les locaux, il est possible d'éviter les inconvénients que nous faisons pressentir. Nous ferons remarquer qu'en pareille circonstance, lorsque l'on a à sa disposition de la terre sèche, qui fournit une couche très-absorbante, il ne faut pas négliger cette ressource, appelée alors à rendre de véritables services au cultivateur. Lorsque les fumiers séjournent à l'étable, l'addition journalière de nouvelles litières exhausse continuellement le sol : aussi est-il indispensable de rendre les crèches mobiles ainsi que les râteliers, de manière à pouvoir les élever graduellement; sinon, en peu de temps, ils ne seraient plus à la portée des animaux. Lorsque les animaux sont fixés à l'auge, la conservation de fumier dans les étables doit, ce nous semble, présenter quelques inconvénients, car la répartition des déjections ne peut alors se faire d'une manière uniforme. Aussi faut-il veiller attentivement à ce que la litière soit également distribuée, à ce qu'elle ne soit pas accumulée en plus forte proportion sous les pieds de derrière que sous les pieds de devant, sinon les animaux se trouveraient bientôt avoir le train postérieur plus élevé que l'antérieur, leur position deviendrait gênante, la respiration difficile, et il pourrait en résulter des accidents graves. Cela peut avoir lieu d'autant plus facilement que les excréments tombant naturellement derrière les bêtes, les valets sont portés à y répandre plus de paille pour les recouvrir. L'accumulation de la fiente à une seule place peut aussi avoir l'inconvénient grave de faire perdre une partie de sa valeur à la masse du fumier, car, à cause de cette circonstance, les litières ne se trouvent pas également imprégnées par les déjections de toute espèce, et ensuite elles sont inégalement piétinées. Il faut donc avoir soin de faire répandre chaque jour par les valets une partie des excréments sur la litière qui se trouve à l'avant-train des animaux.

Pour que l'accumulation des litières sous le bétail soit réellement avantageuse, il faut que les animaux puissent fouler également leur couche, fienter et uriner sur toute la surface, et la chose n'est possible que quand les animaux sont libres dans l'espace qui leur est accordé, comme cela se voit fréquemment en Angleterre pour les bêtes à l'engrais.

Pour recueillir les avantages de la conservation prolongée dans les étables sans recourir à la tenue du bétail en loges où il jouit de la faculté de se mouvoir dans tous les sens, on peut faire usage de ces étables que Schwertz décrit dans son *Agriculture belge* et qui sont très-convenables, mais exigent beaucoup de place. Pour ceux qui ne s'arrêteraient pas devant cette dernière considération et qui, sachant apprécier tous les avantages de la méthode, se décideraient à en faire l'essai, nous ferons connaître rapidement cette disposition. Derrière les animaux règne un espace au moins aussi large que celui occupé par le bétail, taillé en excavation de manière à ce que son fond soit à un niveau inférieur au plancher réservé pour le lit des animaux (voir fig. 9). A mesure qu'on enlève le fumier de dessous les bêtes, il est déposé dans l'excavation sus-mentionnée, où il est étendu et tassé convenablement. L'inclinaison du sol est ménagée de manière à réunir les urines dans la fosse où l'on accumule le fumier, qui jouit toujours alors d'une humidité suffisante. Il est très-avantageux de ménager derrière les animaux une rigole par où l'on puisse écouler le superflu des urines, lorsque le bétail reçoit une nourriture trop aqueuse et que l'on ne peut disposer de la quantité de litière nécessaire pour absorber complétement les déjections liquides. Toutefois ces urines ne doivent pas se perdre, il faut avoir soin de les diriger vers un réservoir spécial.

La seule objection fondée que l'on puisse articuler contre ce mode de préparation, c'est que l'on ne peut guère le pratiquer d'une manière convenable que dans des étables plus spacieuses que celles dont sont aujourd'hui pourvues la plupart de nos exploitations. Quelles que soient les dispositions que l'on puisse prendre, dit Schwertz, pour la préparation du fumier à ciel ouvert, les résultats ne sont et ne peuvent jamais être d'une qualité égale à ceux des fumiers séjournant à l'étable.

Non-seulement on réalise par ce moyen une économie notable dans les frais de main-d'œuvre, non-seulement les fumiers ainsi préparés jouissent de propriétés supérieures à celles des fumiers traités par la méthode généralement usitée, mais on obtient encore une quantité d'engrais infiniment plus élevée. Et pour peu que l'on réfléchisse, on comprendra cette différence en faveur des fumiers séjournant à l'étable, car ici on peut transformer en engrais une plus forte masse de litière, la moindre parcelle des urines est retenue par la matière absorbante, et il n'y a pas de déperditions de substances gazeuses analogues à celles qui peuvent se dégager dans les fumiers préparés à ciel ouvert.

Le vénérable Mathieu de Dombasle a expérimenté la méthode dans sa ferme de Roville, et voici comme il rend compte de l'essai tenté, dans la deuxième livraison de ses *Annales :* « C'est une chose à peine croyable, dit-il, que la différence qui résulte de la disposition des étables pour la quantité de fumier qu'on obtient. Dans la Belgique, les cultivateurs calculent que chaque vache nourrie à l'étable produit, dans l'année, cinquante à soixante voitures de fumier conduites par un cheval (c'est-à-dire 32,500 à 39,000 kilog.). Cette quantité était tellement disproportionnée à ce qu'on obtient partout ailleurs, et à ce que j'avais obtenu moi-même jusque-là, qu'à mon arrivée à Roville j'ai fait disposer, afin de vérifier ce fait important, deux étables à la manière belge, l'une pour douze bœufs à l'engrais et l'autre pour douze vaches. Cette disposition consiste à pratiquer en avant des bêtes un passage pour leur donner la nourriture, et derrière elles un espace large et un peu enfoncé, dans lequel se rendent toutes les urines et où l'on jette tous les jours le fumier qu'on enlève sous les bêtes... L'expérience m'a démontré qu'il n'y a rien d'exagéré dans la quantité de fumier qu'on peut obtenir dans les étables disposées ainsi, lorsqu'on peut donner au bétail une grande abondance de litière. Si je suis resté au-dessous de cette quantité, je l'attribue uniquement à ce que le sol de mes étables n'étant pas cimenté, il se perd nécessairement une partie des urines par des infiltrations. Au reste, la quantité de fumier que j'ai recueillie dans les étables disposées de cette manière a été constamment presque double de celle que me donnait le même nombre de bêtes recevant la même nourriture, et placées dans une autre étable construite à la manière ordinaire, de sorte que le fumier s'y évacuait tous les deux jours ; le fumier était aussi plus gras et de bien meilleure qualité dans la première.

« Douze vaches laitières, recevant des résidus de distillerie et du regain, donnent constamment dans l'étable belge sept voitures de fumier par semaine, c'est-à-dire une voiture de fumier (650 kil.) pour douze journées d'une bête, ou un peu plus de trente voitures pour l'année. Je ferai remarquer que les vaches dont je parle ici sont de race du pays et par conséquent beaucoup plus petites que les vaches de Belgique. J'évalue la ration journalière des miennes à vingt livres de foin.

« Les douze bœufs, d'une taille qui permet de les assimiler aux vaches de la Belgique, donnent, en moyenne, neuf voitures de fumier par semaine, ou, pour l'année, trente-neuf voitures par tête. Ces bœufs reçoivent par jour et par tête, dix livres de foin ou de regain, sept à huit livres de tourteaux d'huile, et environ un hectolitre de résidu de distillation de pommes de terre, en tout équivalant à trente-cinq ou quarante livres de foin. »

Les figures 8 et 9 représentent les dispositions d'une étable où les fumiers séjournent.

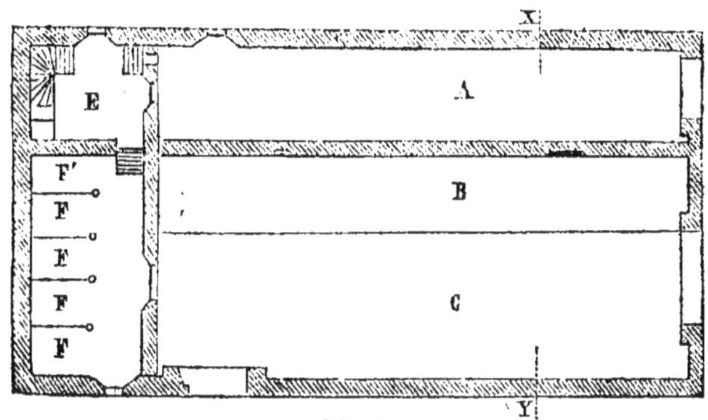

Fig. 8. Plan de l'étable.

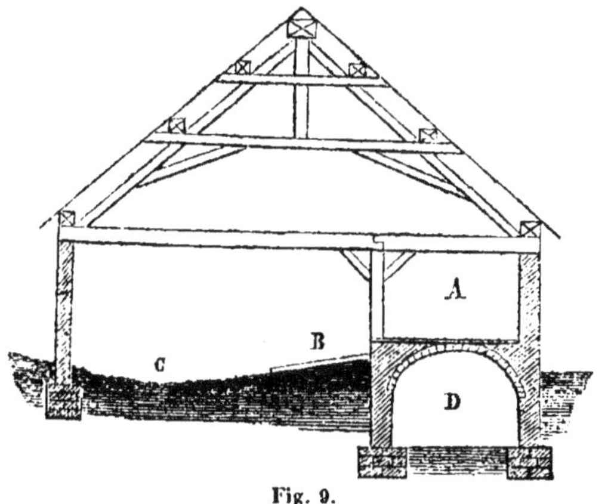

Fig. 9. Coupe de l'étable sur la ligne ponctuée X Y de la figure 8.

Fig. 10. Vue de face des montants auxquels on attache les bêtes et du trottoir.

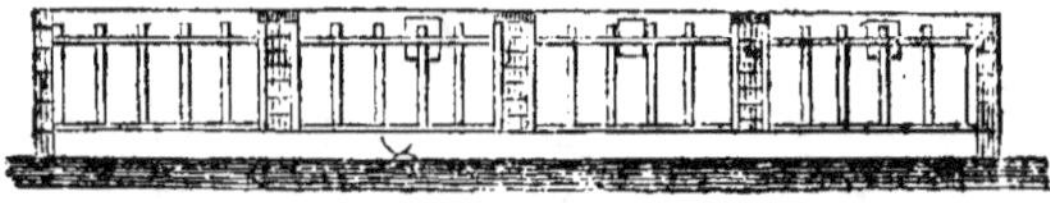

Fig. 10.

Fig. 11. Vue des montants sur une plus grande échelle. On voit dans cette figure, la cheville V qui entre dans le trou U, et qui sert à fixer le montant dans sa place, lorsque cette cheville se trouve au-dessous de la traverse IK.

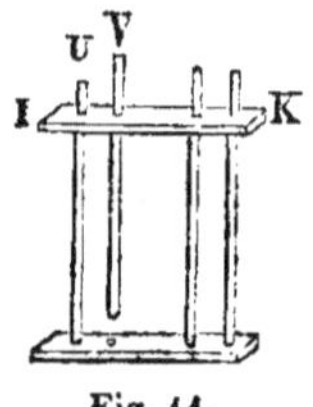

Fig. 11.

Les mêmes lettres indiquent les mêmes objets dans toutes les figures.

A. Trottoir planchéié ou cimenté, sur lequel on dépose le fourrage amassé près des bêtes, ou les baquets pour leur donner des aliments liquides.

B. Emplacement du bétail.

C. Emplacement un peu creux dans lequel le fumier reste déposé.

D. Galerie voûtée pour conserver les racines.

E. Vestibule et escaliers pour descendre dans les galeries voûtées et pour monter dans la partie supérieure de l'étable.

FF. Loge pour les veaux.

Dans les exploitations où le mode de conservation que nous venons de faire connaître n'est pas usité, il est nécessaire d'enlever le fumier des étables tous les jours ou au moins tous les deux jours; si l'on retarde davantage cette opération et que l'on n'y procède que toutes les semaines ou toutes les quinzaines, la fermentation se développe dans la masse durant cet intervalle, et au moment de la vidange, il faut s'attendre aux inconvénients que nous avons signalés dans le paragraphe précédent, en appelant l'attention des cultivateurs sur les dangers qu'il y a à remuer les fumiers dans lesquels la putréfaction s'est déclarée.

La méthode que nous avons exposée plus haut et qui consiste à laisser séjourner, pendant plusieurs mois, le fumier *sous* les animaux, n'est applicable qu'aux bêtes à cornes; il y aurait certainement des dangers à en faire usage dans les écuries des chevaux. Pour ce qui concerne les moutons, on sait que dans toutes les fermes où l'on entretient des bêtes à laine le fumier séjourne généralement dans les bergeries jusqu'au moment de le charrier sur les champs. On n'a pas ici à craindre la trop grande humidité, car ces animaux urinent fort peu et donnent des excréments très-secs, et comme ceux-ci s'unissent difficilement à la litière, il est très-avantageux de les soumettre à un piétinement prolongé afin d'obtenir un mélange plus parfait.

d. *Fumier de pelage ou de gazons.*

Dans des circonstances données, cette espèce de fumier peut rendre de véritables services au cultivateur; en consignant ici la préparation et le traitement que Schwertz conseille de lui faire subir, nous fournirons peut-être des indications utiles à quelques-uns de nos lecteurs.

On conçoit aisément, dit-il, que pour une substance

dont la décomposition est si lente et si difficile que celle des gazons de landes et de bruyère, il faille, avant de pouvoir s'en servir comme engrais, une autre préparation qu'à la litière ordinaire; et, quoiqu'il soit vrai que cette décomposition se fasse aussi bien dans la terre, toujours est-il qu'elle a lieu trop lentement pour donner de la nourriture aux plantes la première année de l'application, et qu'il y a beaucoup de temps perdu à l'application sans préparation.

Il y a trois manières d'employer les gazons comme engrais : la première, de s'en servir d'abord comme litière; la seconde, de les disposer en dehors des étables, par couches, avec addition d'une certaine quantité de fumier de paille; cette seconde manière n'est qu'une accessoire auquel on recourt dans les pays sablonneux, lorsqu'on ne peut pas employer en litière une quantité assez grande de gazons : on se sert enfin de gazons pour couvrir les fumiers sortis des étables, lorsqu'il doit se passer un certain temps entre le moment de leur sortie et celui de leur application.

Pour employer les gazons en litière, on suit la pratique qui va être décrite; mais il faut se persuader qu'elle est impossible sans une disposition spéciale des étables, qui doivent être plus spacieuses et comporter le séjour prolongé des bestiaux sur les fumiers qu'ils produisent.

Lorsque le lit de fumier a été enlevé et l'étable nettoyée à fond, on fait une couche de gazons secs, de 8 à 10 pouces d'épaisseur, et on la couvre de paille. L'urine qui n'est pas absorbée par la paille s'infiltre dans la couche de gazons. On recouvre tous les jours de paille fraîche, autant que l'exige la propreté, et jusqu'à ce que la hauteur du lit de paille nécessite un enlèvement. On n'enlève alors que la couche de paille, et la couche de gazon reste. On ajoute une

nouvelle couche de gazons, de la même épaisseur que
la première, et l'on continue à faire comme auparavant pour la paille. Lorsque le nouveau lit de paille
a atteint sa limite de hauteur, on l'enlève, on met la
troisième couche de gazons et on recommence à faire,
toujours de même, la litière de paille et à l'enlever,
pour ajouter une nouvelle couche de gazons, pour
nettoyer à fond et recommencer une nouvelle préparation. Il est évident que des gazons, si longtemps
piétinés par le bétail, gorgés d'une si grande quantité
d'urines et de parties liquides des déjections, ne peuvent que produire un très-bon fumier. Cependant ce
bon fumier n'a rien enlevé au fumier de paille et ne
s'est formé que des parties liquides que la paille
n'aurait pas pu absorber, et qui auraient coulé dans
la fosse à purin, qui devient inutile avec cette pratique.

Le fumier de paille, sorti tous les vingt à trente
jours, et dont il a été question tout à l'heure, se dispose en tas de quelques pieds de haut; afin de faciliter sa fermentation, on y mêle volontiers le fumier des
chevaux, qui active la fermentation et augmente
la qualité. Lorsqu'il doit se passer un temps assez
long avant l'application, on interpose des couches de
gazons, pour empêcher le fumier de se consumer.
Lorsqu'il doit rester très-longtemps, on le tasse aussi
fortement que possible et on lui donne une bonne
couverture de gazons.

Le fumier de gazons, sorti des étables, est disposé
en tas à part. Pour activer sa décomposition, les terrains sablonneux exigeant un fumier gras et consommé, on ne le tasse que légèrement et on l'arrose
de temps en temps.

C'est surtout dans les étables de moutons que les
gazons produisent les meilleurs résultats. On en fait

la litière tous les matins, et il ne faut pas de paille. Les cultivateurs les plus avancés transportent leurs fumiers de chevaux et de porcs dans les bergeries et les couvrent chaque fois de gazons. On ne sort jamais ces fumiers que lorsqu'ils sont assez piétinés et complétement pourris, ce qui arrive tous les trois ou quatre mois. Lorsque la vidange des étables de moutons coïncide avec un moment où le fumier ne trouve pas son application dans les champs, on le dispose en tas en y ajoutant, par couches, le fumier de gazons des étables à vaches. La fermentation qui s'établit dans le tas ainsi disposé achève la décomposition des gazons, et l'ensemble forme un fumier excellent pour les terres sablonneuses, mais qu'il ne faut enterrer que très-superficiellement. Ainsi, lorsque le champ a reçu plusieurs labours et qu'on y a passé le rouleau, on éparpille bien également le fumier, on sème du seigle par-dessus et on enterre le fumier et la semence par un labour de 3 à 4 pouces de profondeur.

Pour la préparation du fumier de pelage, avec des gazons non employés comme litière, je ne saurais mieux faire que de rapporter textuellement les paroles de Bœnninghausen dans sa description de l'*Économie rurale* de la Twente. Le *vaalt*, ou dépôt principal de fumier, se place ordinairement devant la porte d'entrée de la ferme, de manière que les hommes et les bêtes soient continuellement obligés d'y passer. Cela entraîne, sans doute, quelques inconvénients, mais cela comporte aussi de grands avantages; le fumier gagne en qualité, parce qu'il est aussi parfaitement foulé que possible; le dépôt est près des étables, et il est difficile qu'il se perde rien de ce qui doit revenir au fumier. Aussitôt après les semailles d'automne, on pose les fondements du vaalt. On fait une première couche de toutes les matières qui se décomposent lentement, particulièrement avec les fanes de pommes de terre, qu'on fauche et qu'on rentre avant la récolte. On étend ensuite une couche de fumier frais sortant des étables et on la couvre aussitôt, ou le plus tôt possible, avec une couche de gazons, dans la proportion de six à sept voitures de gazons pour une voiture de fumier. On continue de la même manière pendant tout l'hiver, aussi souvent qu'on a une quantité suffisante de fumier et que les gazons, qui doivent être préparés au moins six mois à l'avance, ne sont pas gelés. Quelquefois aussi on alterne, en remplaçant la couche de gazons par une couche de pelage, prise aux terres arables, mais en ayant soin de ne jamais prendre de sable blanc. On suspend la préparation, pendant deux mois environ, vers la semaille de printemps, afin de réserver le fumier d'étable nécessaire; on la reprend aussitôt que possible, et le vaalt doit être terminé au plus tard vers le milieu de juin. Pour la couche supérieure, on ne prend pas de gazons de landes, mais des gazons de mauvais prés, qu'on place, comme les autres, renversés. Le vaalt est exclusivement réservé aux terres à seigle, et on le laisse, sans y toucher, jusqu'à l'automne, époque à laquelle il est devenu un excellent engrais pour cette culture. Mais il est de règle, sanctionnée par l'expérience d'un grand nombre d'années, de ne pas enfouir immédiatement le vaalt ; on le décharge sur les champs en petits tas, qu'on laisse pendant cinq à six jours avant de les éparpiller, afin de lui faire perdre son acide. Après le vaalt, dit le même observateur, la bergerie est le plus important magasin d'engrais. Ce fumier exerce son action plus forte et plus prompte sur les terres et sur les prés et passe pour le meilleur. Cependant, dans les sols légers de la Twente, cette action est de peu de durée, et, par conséquent, la meilleure partie du fumier de moutons s'y applique aux prairies. Lorsque le fumier de moutons est destiné aux terres, on fait la litière avec des gazons, à raison d'une charrette par semaine pour dix moutous. Lorsque, vers le temps de la semaille, on craint d'être à court de fumier, on se hâte de faire la litière avec des pelages de terre, que huit jours suffisent à convertir en bon fumier, parce que ces pelages se décomposent très-facilement sous les moutons. Lorsqu'il s'agit de fumer les prés en couverture, on fait plus souvent la litière avec du sable, noir ou blanc, qu'avec la litière, parce que le sable fait le même effet et est plus facile à répandre et à distribuer. On répand le fumier, préparé dans les étables de moutons, pendant la gelée; on le jette par petits tas à bas des chariots et on l'éparpille au premier dégel. Les meilleurs effets de cet engrais se remarquent sur les prairies légères, spongieuses et couvertes de mousse, surtout lorsque la litière a été faite avec du sable très-grossier.

Quelque profitables que soient les fumiers de pelage pour les terres sablonneuses, il ne faut cependant pas en faire un usage trop répété, lorsque ces fumiers ne sont pas préparés avec une suffisante quantité de fumier ordinaire, parce que leur application continue peut détériorer les terres pour très-longtemps. Le mieux c'est d'alterner avec le fumier de pelage et le fumier ordinaire, ce qui assure les plus belles récoltes. Aussi n'y a-t-il que de mauvais cultivateurs qui laissent leurs terres les plus rapprochées au régime continuel du fumier de pelage. C'est bien assez que de bons cultivateurs soient forcés souvent d'imposer ce régime à leurs terres éloignées.

e. *État sous lequel il convient d'employer*
le fumier.

On donne communément les noms de *fumier frais,
fumier long, fumier pailleux,* au fumier qui sort des
étables et écuries, et n'a subi aucune espèce de fermentation ; celui, au contraire, qui a été entassé et a
éprouvé une décomposition très-avancée, reçoit la
dénomination de *fumier gras* ou de *fumier court.*
Parfois, les altérations que ces matières éprouvent
avant d'être utilisées, sont très-profondes, et elles se
réduisent alors en une espèce de pâte noire, onctueuse,
que l'on désigne, dans certaines contrées, sous le nom
de *beurre noir*. Pour arriver à ce dernier état, les litières
exigent un temps plus ou moins long, suivant la saison, la température et l'humidité dont elles jouissent.

Sous quel état convient-il d'employer les fumiers ?
Faut-il les laisser fermenter, ou bien est-il préférable
de les confier aux terres en culture et de les y enfouir
au fur et à mesure qu'ils sont produits ? Cette question qui nous reste à résoudre est fort importante ;
aussi a-t-elle vivement préoccupé les agronomes, praticiens et théoriciens de tous les pays ; mais les conclusions auxquelles ils sont arrivés n'ont pas toujours
été uniformes.

La division qui a éclaté entre les agronomes eût
été de courte durée, si l'on avait eu recours à l'expérience. Malheureusement on ne procède pas toujours
ainsi, et ce n'est le plus souvent qu'après s'être livré à
d'interminables discussions, que l'on met en œuvre
l'expédient qui doit faire jaillir la lumière. Lorsqu'une question est soulevée, si les faits ne sont
pas assez nombreux pour fournir la solution, c'est à
l'expérience que l'on doit s'adresser. Certains hommes

trouveront peut-être que cette méthode est peu expéditive. Mais en procédant différemment, on s'expose à des échecs, à des revers, et nous ne considérons pas ces *résultats* comme un gain de temps pour celui qui les éprouve.

Toutefois, les données que nous possédons aujourd'hui nous permettront d'éclairer nos lecteurs sur ce point important de l'économie d'une exploitation. Mais on se tromperait si l'on s'attendait à trouver ici une solution unique et absolue; comme dans toutes les questions agricoles, les circonstances exercent une influence dont il faut tenir compte, et c'est au praticien intelligent à interroger celles qui dominent sa position.

Les matières organiques employées comme engrais ne remplissent leur objet qu'après avoir subi des altérations profondes; ce n'est qu'après avoir été complétement modifiées dans leur constitution, qu'elles deviennent aptes à servir de nourriture aux plantes. Qu'on enfouisse les litières à leur sortie des étables ou qu'on ne les emploie qu'après une fermentation préalable, toujours est-il que, pour concourir au développement des récoltes, elles doivent être arrivées à un état de décomposition très-avancé, et le fumier frais enterré éprouve exactement les mêmes altérations que celui qui est entassé dans la cour de la ferme; seulement, les phénomènes de décomposition se produisent avec plus de lenteur dans le premier cas, parce que la matière se trouve plus divisée. La question, si vivement controversée, se réduit donc, comme le fait observer très-judicieusement M. Boussingault, réellement à ceci : Est-il avantageux de laisser fermenter les fumiers dans le sol même qu'ils doivent fumer?

Les expériences entreprises par un Italien, nommé

Gazzeri, ont démontré que, par la putréfaction, les fumiers éprouvent des pertes considérables (1). Il a rempli une chaudière de cuivre à peu près aux deux tiers avec 40 livres (poids de Florence) de fumier, l'a placée dans un lieu clos, l'a couverte d'une toile grossière surmontée de paille. Ainsi, la masse du fumier n'était pas très-grande, l'accès de l'air était difficile, et la perte des principes ne pouvait être abondante. A la dernière période de l'expérience la chaudière fut découverte. La diminution de la masse a suivi la progression suivante :

	Poids.	Différence pendant l'intervalle.	Différence par jour.
21 mars. . . .	1000		
		225	4.68
18 mai	775		
		71	2.36
18 juin	704		
		51	2.83
6 juillet. . . .	655		
		198	16.50
18 juillet. . . .	455		

Ainsi la masse a diminué de plus de moitié en cent dix-neuf jours; cette diminution s'est maintenue assez égale, sans de grandes variations, tant que la chaudière a été couverte (6 juillet), mais elle s'est beaucoup accrue à l'air libre, et l'on peut supposer qu'elle eût été plus considérable dès le commencement, si l'expérience avait eu lieu sans couverture.

Cette réduction considérable du poids primitif du fumier s'est opérée par la transformation en principes volatils d'une partie de ses éléments constituants, et la perte n'est pas du tout à dédaigner, car elle a lieu aux dépens des propriétés fertilisantes des engrais. Sir H. Davy a prouvé par une expérience très-simple que les gaz qui se développent dans les fumiers en

(1) Gasparin, *Cours d'Agriculture*, t. I, p. 593.

voie de décomposition sont utiles aux plantes. Après avoir rempli de fumier un vase dont le goulot rétréci était recourbé à angle droit (une cornue), il introduisit celui-ci sous une touffe de gazon qui faisait partie de la bordure d'un jardin, et en moins d'une semaine l'effet était très-sensible : la végétation vigoureuse de l'herbe qui se trouvait soumise à l'action des gaz qui s'échappaient de la cornue, contrastait fortement avec celle de l'herbe qui ne recevait pas l'influence de ces émanations.

Ces expériences ont servi de point de départ à tous ceux qui, depuis ces habiles expérimentateurs, se sont attachés à démontrer les avantages de l'emploi des fumiers non fermentés.

Les faits que nous venons de mentionner établissent que la méthode consistant à attendre une décomposition très-avancée des fumiers avant de les employer, se résume en une double perte, portant sur la quantité et sur la qualité. Cependant nous nous garderons de dire au cultivateur de faire usage de ses fumiers à leur sortie des bâtiments, car la chose est pratiquement impossible. En effet, la production des engrais dans une ferme est incessante, et leur application aux terres en culture ne peut s'effectuer qu'à certaines époques de l'année. D'abord, il est indispensable que les terres soient dépouillées de leurs récoltes, et il est impossible, dans une ferme, de disposer les arrangements agricoles de manière à ce qu'il y ait toujours des sols libres, aptes à recevoir ou à permettre le charroi des engrais. De plus, les terres ne sont pas abordables dans toutes les saisons, et leur état de sécheresse ou d'humidité s'oppose fréquemment à ce que l'on y pénètre pour y déposer les matières fertilisantes. Dans la grande culture, on est donc forcément amené à accumuler les engrais, et par conséquent à leur laisser subir un certain degré de putréfaction avant d'en faire usage : c'est là une nécessité dont il ne faut pas s'exagérer les inconvénients, car lorsque la fermentation est réglée avec discernement, et que toutes les précautions sont prises pour éviter la perte des émanations gazeuses et des parties solubles, le fumier acquiert certains avantages sur lesquels nous reviendrons plus loin.

Mais cette nécessité n'est pas le seul motif qui nous empêche de recommander l'usage exclusif des engrais non fermentés. Les fumiers pailleux et les fumiers gras, on le comprend aisément, jouissent de propriétés fort différentes, et il est des circonstances où les derniers présenteront une supériorité incontestable sur les premiers. L'examen des caractères distinctifs de ces deux sortes d'engrais nous fournira l'occasion de passer en revue les conditions où chacun d'eux devra être préféré.

Il est une observation que nous avons déjà présentée à diverses reprises et que nous ne pouvons nous dispenser de rappeler, car elle nous éclaire sur le mode d'action des différentes espèces de fumiers : c'est que toutes les matières confiées au sol, dans le but de fournir au développement des plantes, doivent préalablement subir des altérations profondes et passer à l'état de dissolution pour pénétrer dans les tissus végétaux. Cette transformation de la matière, ce passage de l'état solide à l'état liquide, ne s'opère que lentement, graduellement, et tout ce que l'homme peut faire en cette occurrence, c'est de prendre des précautions pour favoriser l'accomplissement du phénomène, et pour s'opposer à la déperdition des nouveaux produits qui apparaissent le plus souvent sous la forme gazeuse, circonstance qui rend leur fixation beaucoup plus difficile.

Sous le rapport de la richesse en principes nutritifs, nous croyons avoir démontré que les fumiers pailleux jouissent d'une incontestable supériorité. Enfouis dans le sol au moment où ils sont retirés de dessous le bétail, ils se trouvent immédiatement dans des conditions très-propres à la conservation des éléments de fertilité. La couche de terre par laquelle ils sont recouverts remplit le même objet que celle dont nous avons conseillé l'usage dans la confection des tas de fumier, c'est-à-dire qu'elle absorbe les émanations gazeuses et joue par rapport à celles-ci le rôle de condensateur. Cependant, toutes les terres ne possèdent pas au même degré cette force absorbante et, sous ce rapport, les sols forts et argileux tiennent le premier rang. Les fumiers frais enfouis éprouvent la fermentation qui doit les transformer en aliments pour les récoltes, mais la décomposition ne peut se produire avec la même rapidité que dans les tas, car la matière est divisée en couches de peu d'épaisseur, et la putréfaction se trouve encore ralentie par l'interposition des substances terreuses. La transformation des parties constituantes des fumiers enfouis à l'état frais s'effectue donc avec lenteur, et c'est ce qui explique leur action plus longue et plus durable sur la végétation. Ce caractère nous indique déjà qu'il est certaines circonstances culturales où les engrais décomposés doivent avoir la préférence. Les fumiers longs sont surtout avantageux dans les sols forts et compactes qu'ils réchauffent et dont ils modifient la ténacité par l'interposition, entre leurs particules, des matières pailleuses. La décomposition qui se produit dans le fumier enfoui est accompagnée d'un dégagement de chaleur qui élève la température du sol, et, tout en concourant à l'ameublissement de la couche arable, elle provoque la germination des graines de mauvaises herbes. Ce dernier effet a même servi d'argument aux adversaires des fumiers longs : mais, lorsque l'engrais est employé au commencement de la rotation, appliqué à des plantes qui permettent les binages et les sarclages, le reproche perd nécessairement toute sa valeur. Si, d'ailleurs, l'intervalle qui sépare l'application du fumier de l'époque des semailles est assez long pour permettre aux plantes adventives d'apparaître, il n'y a aucun danger à redouter, car alors on pourra enfouir les mauvaises herbes par un labour superficiel, ce qui sera loin de nuire à la récolte qui doit venir sur la fumure.

Un autre reproche élevé contre l'emploi des fumiers frais repose sur ce préjugé, que les déjections nouvelles nuisent à la végétation. La preuve du contraire, dit M. Boussingault, peut s'établir facilement : il suffit, en effet, de rappeler que dans le parcage des moutons, du bétail, les excréments comme les urines passent immédiatement aux champs, aux pâturages que parcourent les animaux.

Sans doute les déjections fraîches, répandues en excès, peuvent nuire aux plantes, mais on peut en dire autant des engrais fermentés.

Pour lever tous les doutes que l'on pouvait encore conserver sur l'effet nuisible des engrais non fermentés, poursuit le même agronome, M. Gazzeri a fait venir du blé dans une terre fumée avec une dose extraordinaire de colombine, qui passe pour un des engrais les plus actifs. Du crottin de cheval, pris au moment où il venait d'être rendu, mêlé à la terre dans la proportion d'un quart en volume, n'a causé aucun obstacle à la végétation des céréales (1).

Les sols tenaces retiennent avec force les prin-

(1) Boussingault, *Économie rurale*, t. I.

cipes fertilisants qu'ils puisent dans l'atmosphère et dans les fumiers, et ils ne les cèdent que peu à peu aux récoltes; aussi est-il infiniment plus difficile d'épuiser une terre argileuse qu'une terre sablonneuse. La fermentation que le fumier frais éprouve dans les sols forts est favorable à la mise en activité des matières nutritives que ces terrains ont absorbées, et par conséquent les engrais non décomposés peuvent ici provoquer des réactions qui n'auraient pas lieu sous l'influence d'un fumier arrivé à un grand état de décomposition. Par contre, dans un terrain arrivé à un épuisement complet, le fumier frais produirait des effets peu marqués.

Les fumiers longs sont d'une application très-avantageuse dans les terres fortes, mais leur efficacité ne s'étend pas aux sols qui ont peu de consistance. Ceux-ci, au contraire, peuvent recevoir des modifications susceptibles de nuire aux récoltes sous l'application d'une fumure analogue, car elle augmente les défauts de ces terrains : elle soulève la couche arable qui, déjà trop meuble, demande à être raffermie. La trop grande division amenée par l'introduction du fumier pailleux dans les terres légères, compromet gravement les plantes qui y croissent : en effet, par là, la pénétration de l'air est rendue plus facile, son renouvellement accélère l'évaporation, et ces sols, déjà si exposés à souffrir de la privation d'humidité pendant la belle saison, se trouvent dans des conditions qui augmentent les chances défavorables et les condamnent d'une manière presque assurée à subir l'influence fâcheuse de la grande sécheresse. Les récoltes qui y poussent sont alors sujettes à manquer de nourriture, ou n'en reçoivent qu'une insuffisante; elles peuvent d'abord pousser avec rapidité sous l'influence de l'humidité, mais, plus tard, elles prennent une couleur

jaune pâle, elles deviennent faibles, et la grenaison se
fait d'une manière imparfaite, de sorte que la récolte
ne fournit qu'un chétif produit. Dans de semblables
conditions, la paille ne se décompose pas, elle se
dessèche au lieu de pourrir, favorise la pénétration
de l'air dans l'intérieur de la couche arable par le
canal dont elle est creusée, et nuit ainsi à la végétation au lieu de lui fournir des matériaux utiles par la
dissociation de ses parties constituantes.

Ces observations suffiraient déjà pour expliquer la
préférence de certains praticiens pour les fumiers
courts, mais il est encore d'autres faits sur lesquels
ils peuvent s'appuyer pour justifier leur prédilection.
Qui n'a eu occasion d'admirer, chez les jardiniers ma-
raîchers, où l'on ne fait usage que d'un fumier très-
décomposé, la végétation vigoureuse des légumes?
Mais l'interprétation de ces résultats démontre qu'il
faut se garder d'établir là-dessus une règle générale.
Ce qu'il faut à celui qui se livre à la culture légu-
mière, c'est de produire rapidement et le plus fréquemment obtenir plusieurs récoltes sur la même parcelle
de terre dans le courant d'une année. Pour atteindre
ce but, il recourrait envain aux fumiers longs, car
ceux-ci ne peuvent suffire à une consommation rapide,
ils ne sont pas assez assimilables; les engrais décomposés, au contraire, jouissent de ces propriétés; leurs
éléments sont arrivés à un état qui les rend propres
à être absorbés immédiatement par les racines des
plantes. La pratique des jardiniers est donc très-ration-
nelle et pleinement justifiée par l'examen. Les propriétés physiques du sol, en horticulture, sont loin
d'avoir une influence aussi marquée qu'en agriculture; car là, les façons sont nombreuses, de tous les
instants, et le travail continuel de l'homme dispense d'avoir recours à des expédients que le culti-

vateur ne peut négliger sans nuire à ses intérêts.

Une autre remarque qui a certainement contribué à mettre les fumiers décomposés en honneur, c'est qu'un chariot de ceux-ci produit plus d'effets qu'un chariot de fumiers frais; d'où l'on a conclu que les premiers sont supérieurs aux seconds. Mais la comparaison est complétement fausse. Pour être vrai, il faudrait tenir compte de la réduction que subissent les fumiers longs pour arriver à l'état de fumier gras, et alors on verrait que ce n'est pas un chariot des deux espèces de fumier qu'il faut mettre en parallèle, mais au moins deux du premier pour un du dernier. L'évaluation que nous présentons ici est certes loin d'être exagérée, elle est plutôt trop faible, car, dans nos fermes, à combien de chances de détérioration les engrais ne sont-ils pas soumis avant de recevoir leur emploi définitif. En outre, il ne faut pas seulement voir l'action du fumier sur une seule récolte, il faut aussi tenir compte des effets qu'il produit dans les années qui suivent celle de son application. Si les fumiers courts agissent plus promptement, ils sont aussi plus rapidement épuisés, car la décomposition qu'ils ont éprouvée dans le tas ils n'ont pas à la subir dans le sol, et ils sont naturellement plus assimilables. C'est là un caractère dont on peut tirer parti, comme nous l'avons fait comprendre plus haut en rappelant la pratique des horticulteurs. Le fumier long, se décomposant peu à peu dans le sol, a une action moin énergique mais plus durable, et ses effets peuvent se faire sentir sur une série de récoltes.

Comme nous l'avions déclaré en abordant ce sujet, la question qui nous occupe est complexe et non susceptible d'une solution unique; non-seulement les exigences du sol, mais encore celles des plantes doivent être consultées et nous diriger dans l'emploi de tel ou tel fumier. Les engrais décomposés auront la préférence pour les plantes dont la période végétative est de courte durée, sinon elles seront en souffrance, car n'occupant le sol que peu de temps, elles doivent y rencontrer une nourriture toute préparée, apte à satisfaire aux différentes phases de leur développement et le fumier frais ne répondrait qu'imparfaitement à cette exigence. Pour des végétaux qui n'atteignent leur maturité qu'endéans un temps très-long, ou occupent le sol pendant plusieurs années, lorsque du reste d'autres circonstances ne s'y opposent pas, on emploiera avec grands avantages les fumiers longs. Toutefois ceux-ci peuvent également servir pour les marsages, mais alors il faut avoir soin de confier les engrais au sol avant l'hiver. Les pommes de terre se trouvent très-bien de l'emploi du fumier frais, mais il n'en est pas de même de la betterave qui, sous l'influence de ce dernier, se bifurque, acquiert moins de qualités, et est moins riche en sucre.

Une autre influence domine encore la décision du cultivateur : c'est le climat. Dans les contrées humides et froides, la prudence doit présider à l'emploi des fumiers longs ; en effet, ceux-ci exigent, pour accomplir leur décomposition, un certain degré de chaleur dans le sol ; si la température n'est pas assez élevée pour provoquer la fermentation, l'efficacité de la fumure sera détruite en partie, sinon en totalité. L'humidité, ne s'évaporant qu'aux dépens de la chaleur propre du terrain, entretient la crudité du sol et s'oppose à la décomposition des engrais qui lui ont été confiés. Dans tous les cas, si l'on se trouvait dans la nécessité de faire usage du fumier frais sous de semblables conditions, on ne devrait l'employer qu'au retour de la belle saison, c'est-à-dire au printemps. Dans les pays chauds et humides, le danger que nous signalons n'est nullement à craindre; la décomposition, aidée par la chaleur du climat, marchera toujours assez rapidement pour que les engrais puissent fournir aux besoins des récoltes.

La promptitude d'action est d'ailleurs une chose dont il ne faut pas se dissimuler l'importance, et l'activité de la production portera fréquemment le cultivateur à faire usage du fumier fait. Du reste, par suite des circonstances que nous avons précédemment indiquées, il arrive presque toujours que le fumier ne peut être utilisé au moment où il est produit; force est alors de l'accumuler pendant un temps plus ou moins long, et quand on le transporte sur les champs, il est à demi consommé. C'est peut-être, après tout, dit M. Boussingault, l'état le plus convenable sous lequel il puisse être introduit dans le sol. Il s'enterre facilement, et ses principes fécondants sont déjà assez abondants pour agir dans un temps donné avec plus d'activité que ne le ferait du fumier entièrement frais. La fermentation, conduite avec discernement, de manière à éviter la déperdition des substances gazeuses utiles et des matières solubles, a, outre l'avantage de fournir un engrais plus immédiatement actif, celui d'opérer une réduction sur le volume et le poids des fumiers. Cette diminution dans le poids et le volume amène une grande économie dans les frais de transport, et elle n'est nullement à dédaigner dans les exploitations dont l'étendue est grande et où les terres sont éloignées de la ferme.

Là où la jachère existe encore, on pourra très-avantageusement faire usage des engrais non fermentés, car rien ne s'oppose ici à ce que l'on conduise les fumiers sur les terres à mesure qu'ils se produisent. Par leur incorporation au sol à l'état frais, on provoque la germination d'une foule de semences de mauvaises herbes qui, sans cette intervention, n'eussent levé que trop tardivement pour être détruites par les labours.

Un dernier reproche adressé aux fumiers longs se fonde sur la difficulté de leur enfouissement ; mais il est facile de lever cette difficulté en faisant suivre le laboureur par une femme ou par un gamin qui tire le fumier dans les raies au fur et à mesure que la charrue les ouvre. D'ailleurs, si le fumier consommé s'enterre facilement, il s'éparpille difficilement ; il se forme en pelotes, et l'épandage ne peut guère s'effectuer d'une manière régulière.

Comme conclusions de ce qui précède, nous pouvons formuler les préceptes suivants :

1° C'est en transportant les fumiers sur les terres avant toute fermentation préalable, que l'on accumule dans le sol la plus grande quantité de principes fertilisants.

2° Le fumier frais est surtout très-avantageux dans les terres fortes et froides qu'il réchauffe par la fermentation qu'il y subit ; il concourt à leur ameublissement et favorise la germination des mauvaises herbes dont la destruction est ainsi rendue plus facile.

3° Le fumier non consommé convient surtout aux plantes qui occupent le sol pendant longtemps. Lorsqu'on l'applique aux marsages, la fumure doit être donnée avant l'hiver.

4° Sous les climats froids et humides, on ne doit faire usage des fumiers pailleux qu'au printemps et en été.

5° Les fumiers consommés ont une action plus prompte, mais ils sont moins durables que les fumiers longs.

6° Les fumiers courts conviennent surtout aux plantes dont la végétation est rapide et qui n'occupent le sol que peu de temps.

7° Les engrais décomposés doivent avoir la préférence dans les terres meubles et légères.

f. *Transport, épandage et enfouissement du fumier.*

S'il y a dissidence sur la question de savoir si le fumier doit être employé à l'état frais ou à l'état consommé, les opinions ne sont pas moins partagées sur le moment où il convient de transporter les engrais sur les terres, la manière de les répandre et l'époque plus ou moins rapprochée de leur enfouissement. Cette dissidence s'explique en partie par cette tendance fâcheuse qui porte à généraliser des faits sans tenir compte des circonstances au milieu desquelles ils se sont produits. Afin d'éclairer nos lecteurs sur ces points importants, nous consulterons les hommes qui font autorité en agriculture, et nous consignerons les remarques que l'expérience et l'observation leur ont suggérées. Ceux qui sont convaincus, dit M. Boussingault, que l'on peut employer le fumier comme il sort des étables (sans fermentation préalable), sont absolument indifférents sur les époques où les transports doivent avoir lieu; ils mettent à profit, pour exécuter ce travail, les moments les plus convenables, et ce n'est pas là un minime avantage; c'est ce que nous faisons à Bechelbronn : nous transportons nos engrais dès que nous le pouvons. Les terres destinées à être fumées au printemps sont approvisionnées durant l'hiver, lorsque la gelée permet de les aborder. Le fumier, d'abord déchargé en petits tas placés de distance en distance, est ensuite épandu, aussi également que possible, quelquefois sur la neige, et nous n'avons jamais trouvé aucun inconvénient à cette pratique..

Beaucoup de cultivateurs déposent le fumier en petits monceaux sur les champs et ne le font épandre souvent qu'après plusieurs semaines, au moment de l'enfouir, sous prétexte qu'en agissant ainsi ils obtiennent des effets plus durables. Cet usage doit être condamné, et il est surtout très-nuisible dans les terres légères. Par cette disposition prolongée en petits tas, le fumier devient plus difficile à éparpiller uniformément, et dans tous les cas le champ est inégalement fumé; toutes les places où les dépôts ont lieu se reconnaissent plus tard à la vigueur de la végétation qui s'y développe, mais n'est obtenue qu'au détriment du ›reste du champ. Cette pratique repose sur cette idée communément répandue dans nos campagnes, que le fumier étendu perd de sa force. Il s'agit donc d'examiner s'il est indispensable d'enfouir l'engrais aussitôt qu'il a été éparpillé, ou si l'on peut impunément le laisser exposé pendant un certain temps à la surface du sol.

L'opinion la plus généralement répandue parmi les praticiens, dit Schwertz, est en faveur de l'enfouissement immédiat. Dans certaines localités, on pousse si loin le respect pour ce précepte, qu'on ose à peine étendre le fumier un jour à l'avance, de crainte de le voir desséché par le soleil ou lavé par la pluie. Il ne manque cependant pas de cultivateurs expérimentés, qui sont d'une opinion opposée, et il y a des contrées entières où la même crainte n'existe pas. Comme c'est une question très-controversée, ajoute-t-il, je crois devoir rapporter les opinions de plusieurs cultivateurs, plus praticiens que théoriciens que j'ai eu occasion de consulter.

Chez moi, me dit l'un, on ne regarde pas comme

profitable d'enfouir le fumier aussitôt après l'avoir répandu. On est persuadé que les mauvaises herbes qui se développent promptement sous son couvert sont ensuite plus facilement détruites par la charrue.

Dans nos environs (ceux de Paderborn), me dit l'autre, on enfouit immédiatement le fumier; cependant l'expérience m'a convaincu que, pour les terrains lourds et argileux, il valait mieux le laisser certain temps étendu sur la surface.

Sur les bords du Rhin, on étend aussi le fumier un certain temps avant de l'enfouir, les paysans étant persuadés qu'il faut le laisser se dépouiller de son acidité.

Dans la principauté de Lippe, on répand de suite les fumiers sur les jachères et les chaumes et longtemps avant les labourages.

Lorsqu'on n'a pas le temps, me dit un bon cultivateur, d'enfouir les fumiers par des labours répétés, il est très-bon de les laisser étendus sur le sol jusqu'au labour pour la semaille; ils s'incorporent alors plus facilement à la terre et exercent une action plus prompte.

Dans le comté de Marck, un cultivateur a observé que l'orge n'avait pas été aussi belle là où le fumier avait été immédiatement enfoui, que là où il était resté étendu un certain temps sur le sol. Un autre veut, selon le proverbe du pays, que le fumier craque et ne ploie pas, c'est-à-dire qu'il soit enfoui sec et non humide. Un troisième apprit du hasard que, là où le fumier était resté étendu pendant tout l'hiver, les grosses fèves avaient beaucoup mieux réussi que là où le fumier avait été enterré de suite, mais que l'effet n'avait pas été aussi favorable sur les récoltes suivantes.

J'étends, dit un cultivateur du grand-duché du

Bas-Rhin, mes fumiers en automne, aussitôt que je puis les conduire sur les terres, et j'aime à les laisser dans cet état jusqu'à ce que la verdure commence à se montrer à travers. Les herbes et plantes parasites sont ainsi stimulées, et le fumier augmente plutôt qu'il ne diminue. Le suc du fumier s'infiltre avec la pluie dans la terre et elle s'engraisse sous sa couverture. Cette pratique assure une complète destruction des mauvaises herbes et des récoltes plus abondantes que toute autre.

Je fis, dit Schmalz, conduire du fumier à une pièce de terre, qui fut étendu aussitôt. On commença aussitôt à l'enfouir; mais différentes circonstances empêchèrent de continuer ce travail au delà de la moitié. La terre devint si dure qu'il fut impossible de songer à labourer avant la première pluie, qui n'arriva qu'après plusieurs semaines. Plus tard encore, je fus obligé de faire retourner à la houe, et l'on ne put labourer pour la semaille que vers la Saint-Michel. La vigueur du seigle, depuis la levée jusqu'à la maturité, fut remarquable sur la moitié où le fumier avait séjourné si longtemps à la surface.

Dans le Holstein, au témoignage de Fr. Lang, le fumier reste souvent pendant plusieurs semaines étendu sur les champs, sans qu'on y remarque jamais le moindre inconvénient. Quelques cultivateurs prétendent cependant que, lorsque le fumier reste longtemps étendu par un temps sec, il ne tient pas aussi longtemps dans le sol. S'il pleut pendant que le fumier est étendu, cela ne nuit pas à ses effets, seulement il ne faut pas qu'il soit enfoui mouillé. Il est cependant moins nuisible d'enfouir le fumier mouillé par la pluie que celui qui, longtemps baigné de mare ou de purin, en apporte une grande quantité dans les

12

terres; on doit laisser ce dernier une huitaine de jours au moins étendu avant de l'enfouir.

Un exemple frappant de cette vérité nous est rapporté par l'Anglais Marshall. Je m'informai, dit-il, près de mon régisseur, de la pratique qu'il avait suivie pour l'engrais d'une pièce de froment qui avait produit une récolte extraordinaire, et j'obtins pour toute réponse que le trèfle qui avait précédé avait été fumé en couverture après la première coupe. Comme la pluie avait manqué après cette fumure, elle n'était pas parvenue jusqu'aux racines du trèfle, et la seconde coupe était restée tout à fait chétive. Ne devrait-on pas conclure de ce fait, continue Marshall, que les parties nutritives pour les plantes ne s'évaporent pas si facilement qu'on le croit communément, puisque, cette fois, les chaleurs de la canicule ne les avaient pas fait disparaître.

On pense, dit Thaer, que le fumier doit nécessairement perdre par l'évaporation, et, au premier abord, cela semble tellement vraisemblable, qu'on a donné presque universellement le conseil de se hâter d'enterrer le fumier aussitôt qu'il est épandu. J'étais moi-même de cet avis, lorsque mon attention fut attirée de nouveau sur ce sujet par des observations de quelques agriculteurs pratiques du Mecklembourg, qui semblaient démontrer le contraire. Probablement l'évaporation du fumier consommé n'est point aussi considérable que cela semble devoir l'être. A la vérité, lorsqu'on le charrie et qu'on l'épand, il donne une odeur musquée très-forte; mais il n'est aucun moyen d'éviter cette première évaporation, et lorsqu'on sait à quel point les vapeurs qui répandent cette odeur sont ténues et expansibles (puisque quelques grains de musc suffisent pour remplir, durant des années, l'air de leur odeur, et pour la communiquer à tous les corps qui entrent dans leur atmosphère, sans perdre sensiblement de leur poids), il est permis de douter que la quantité de sucs ainsi évaporée soit très-sensible; ce premier moment passé, le fumier n'exhale aucune odeur, et, si j'en dois croire ma propre expérience, il ne diminue point en pesanteur. Pendant la sécheresse aucune décomposition n'y a lieu. Si l'on examine un champ en jachère, à la surface duquel le fumier est demeuré ainsi épandu pendant quelques semaines, on y verra une abondante quantité de jeunes plantes d'une couleur vive, même dans les places qui ne sont pas immédiatement en contact avec le fumier, ce qui prouve que la faculté améliorante de celui-ci se répand autour de lui, même avant qu'il soit recouvert par la terre et absorbé par elle.

D'après ces faits, il ne paraît pas qu'il y ait des inconvénients à épandre le fumier sur le sol, lors même qu'il devrait y demeurer quelque temps avant d'être enterré, à moins que ce terrain ne soit en pente, et qu'ainsi le fumier ne courre le risque d'être lavé et entraîné par les eaux de pluie. C'est un usage très-vicieux, ajoute le même agronome, et très-nuisible que celui de laisser le fumier sur le sol, en petit tas, tel qu'on les fait en déchargeant les chariots. S'il n'a pas encore subi sa fermentation, il se décompose alors avec une grande perte. Les sucs les plus actifs du fumier sont entraînés par l'humidité dans le sol au-dessous du tas. De cette manière, lors même qu'on donne ensuite les plus grands soins à bien épandre la partie qui reste sur le sol, souvent durant plusieurs années les places où les petits tas ont été déposés demeurent trop grasses, de sorte que les plantes s'y laissent tomber ou y versent, quoique tout ce qui les environne ait la plus chétive apparence. Il faut donc épandre le fumier le plus tôt possible.

A l'appui de cette manière de voir, on peut encore invoquer la pratique des *fumures en couverture*, très-répandue aujourd'hui. L'usage de fumer en couverture, dit M. Boussingault, est souvent avantageux et d'un grand secours dans la pratique; c'est une nouvelle preuve du peu d'inconvénient qu'il y a à laisser le fumier exposé aux intempéries de l'atmosphère, puisque cet usage consiste à l'éparpiller à la surface des terres déjà ensemencées. Cette méthode est née de la nécessité : on l'a d'abord suivie pour donner au sol un supplément à la dose insuffisante de fumier qu'il avait reçue avant les semailles; mais on s'en est si bien trouvé dans plusieurs contrées qu'on l'a continuée. Nous l'avons appliquée plusieurs fois aux plantes sarclées et aux jeunes luzernes avec un avantage décidé, provenant principalement de ce que l'on gagne du temps pour la production des engrais. Au rapport de Schwertz, l'usage de fumer en couverture les terres ensemencées en céréales d'hiver fait tous les jours des progrès dans le comté de Marck. On applique cette fumure lorsque la céréale est déjà sortie de terre. On croit généralement ici, dit le cultivateur consulté par Schwertz, que, lorsque les pommes de terre ne sont fumées qu'au moment du buttage, une plus grande partie de la force de l'engrais agit encore sur la céréale qui leur succède.

On ne peut cependant pas nier, ajoute Schwertz, que les fumures par-dessus ne présentent quelques inconvénients. Lorsqu'on s'en repose sur cette pratique, elle réussit très-bien tant que la terre est humide ou ramollie par le dégel; les chariots de fumier creusent des ornières qui font beaucoup de tort. Dans les années humides surtout, les limaces causent de très grands dégâts dans les champs fumés par-dessus, parce qu'elles trouvent dans la couverture du fumier un abri contre le soleil et la gelée. Il ne faut par conséquent s'en reposer sur cette pratique que comme sur un moyen secondaire et accessoire qui, quelque excellent et utile qu'il puisse être dans certains cas, ne doit pas être pris pour moyen principal ni suivi comme règle générale.

Dans l'opinion de M. Boussingault, la fumure en couverture doit être considérée comme un moyen d'apporter à un sol déjà en culture l'engrais qu'on a été forcé de lui refuser à une époque antérieure.

Pour en finir avec ce qui concerne l'épandage immédiat du fumier conduit sur les champs, nous présenterons une dernière observation empruntée à l'agronome précité. Le climat a dans la question, dit-il, sa part d'influence. En Alsace, l'expérience a prononcé favorablement; mais, dans d'autres contrées, il peut y avoir de très-bonnes raisons pour ne pas agir de la même manière. En Alsace, où la pluie recueillie dans un an est d'environ 68 centimètres, il ne tombe, durant les mois de décembre, janvier et février, que 11 centimètres d'eau; dans un climat où il pleuvrait davantage pendant l'hiver, les fumiers pourraient probablement se détériorer. Quand les pluies ne sont pas trop abondantes, les parties solubles du fumier étalé sur la terre pénètrent et séjournent dans sa couche supérieure, absolument comme il arrive lorsqu'au lieu de l'incorporer au sol on le répand sur les plantes en pleine végétation. Nous ajouterons que dans les pays où le sol est très-accidenté, on essuierait évidemment de fortes pertes en laissant les fumiers étalés sur les champs pendant longtemps.

Les observations relatées plus haut ont amené Schwertz à formuler les préceptes suivants, applicables tant à l'enfouissement immédiat ou tardif du fumier qu'aux fumures par-dessus.

1) Le fumier enfoui immédiatement se conserve plus longtemps dans la terre, et exerce plus lentement et plus tardivement son action.

2) Le fumier qui reste un certain temps étendu sur la surface exerce son action plus promptement et, par la même raison, se maintient moins longtemps dans la terre.

3) Le fumier étendu à la surface ne perd pas sa force, mais il devient plus facilement décomposable.

4) Lors donc qu'il importe de faire agir la plus grande force d'une fumure sur une première récolte, il convient de laisser le fumier pendant un certain temps étendu sur la surface.

5) Lorsque le fumier ne doit agir que lentement et successivement, il convient de l'enfouir immédiatement.

6) Lorsqu'on est dans le cas de fumer souvent, ou tous les ans, il faut laisser le fumier quelque temps étendu.

7) Lorsqu'on ne fume qu'à de longs intervalles et en fortes proportions, il faut enfouir de suite.

8) Lorsqu'on est obligé d'économiser les engrais, il faut encore enfouir de suite.

9) Lorsqu'on a employé en litière des plantes aigres, ou lorsqu'on est dans le cas de conduire immédiatement le fumier de l'étable aux champs, il faut le laisser un certain temps étendu.

10) Il faut surtout laisser étendus les fumiers très-mouillés et ceux qui sortent d'une fosse dans laquelle ils ont été longtemps baignés de mare.

C'est un fait qui se manifeste d'une manière très-sensible, que toutes les matières terreuses et minérales aussi bien que végétales, enfouies ou immergées pendant un certain temps et à une certaine profondeur, ne produisent une action favorable à la végétation qu'après avoir été un certain temps exposées à l'air. Dans ce cas sont, outre le fumier, la bourbe, le terreau, les déblais des fossés, l'argile, la marne, etc.

11) Sur les champs qui ont une forte pente, il faut enfouir de suite, pour ne pas laisser le fumier exposé au délavage par les pluies.

12) Il ne faut, dans aucun cas, retarder l'enfouissage par trop longtemps, parce que tout ce qui est bien a son terme et sa mesure ; soit à la surface, soit dans le sein de la terre, tout est détruit par le temps ; il ne faut donc jamais laisser passer le moment opportun et toujours être attentif à le bien saisir.

Une opération également très-importante et qui, pour être exécutée d'une manière avantageuse, réclame toute l'attention du chef de l'exploitation, c'est le transport des fumiers sur les champs. Dans les fermes d'une certaine étendue, ces transports se font ordinairement au moyen de chariots traînés par deux ou quatre chevaux. Le chargement de ces véhicules, on le comprendra aisément, est excessivement variable, car il est subordonné à la force des animaux, à la saison, à l'état des chemins, à l'éloignement des terres, etc. Généralement la force de la fumure est estimée dans nos fermes par le nombre de chariots à deux ou quatre chevaux consacrés à un bonnier ou à l'hectare. Nous n'insisterons pas sur tout ce qu'il y a de vague dans des indications analogues, on sent de suite combien elles laissent à désirer ; les données exactes, les seules réellement utiles, ne peuvent être fournies que par la bascule et par des pesages exécutés dans des circonstances variées. Lorsque l'on procède au charroi des engrais, il convient d'employer à ce travail tous les attelages disponibles, et alors il faut combiner les choses de manière que les chargeurs soient constamment occupés; le nombre des manouvriers est réglé d'après la distance à parcourir par les attelages, et, suivant que les champs sont plus ou moins éloignés, on a un chariot de rechange pour deux ou trois attelages; ce chariot reste près du tas afin d'occuper constamment les chargeurs. Ainsi, si l'on emploie trois attelages, on prendra les mesures nécessaires pour qu'il y en ait toujours un qui se rende au champ pendant que l'autre décharge et que le troisième en revient. Par de semblables dispositions, chaque attelage n'est arrêté que juste le temps nécessaire pour dételer et atteler les chevaux au chariot qui vient d'être chargé, et approcher du tas celui qui est vide. C'est un calcul de temps que chaque cultivateur fera aisément. Il n'est pas possible de déterminer ici le nombre de manouvriers à affecter au chargement des voitures; il est subordonné aux circonstances précédemment énumérées et à l'état du fumier.

Pour ce qui concerne les transports à différentes distances, voici quelques chiffres empruntés à Block, mais que nous ne donnons pas évidemment comme étant applicables dans toutes les circonstances.

Si on suppose qu'en moyenne un cheval de taille ordinaire, dans les jours longs et courts de l'année, attelé à un char, parcourt 30 kilomètres (six lieues) moitié chargé, moitié à vide, et qu'il y ait des chars de rechange, tant dans les cours de chargement du fumier qu'aux lieux de déchargement, auxquels on attelle les animaux aussitôt qu'ils arrivent pour ne pas les laisser à rien faire pendant ces opérations, et que la charge pour un char attelé de deux chevaux soit de $1^m,25$ cube ou 9 quintaux métriques, voici pour différentes distances le nombre de chars de fumier normal, de mètres ou pieds cubes ou de quintaux qui seront transportés aux champs :

DISTANCE A PARCOURIR.	FUMIER TRANSPORTÉ			
	en chars.	en mètres cubes.	en pieds cubes.	en quintaux métriq.
a. Pour une distance de 1 à 300 m. des bâtiments d'exploitation.	22.22	27 75	800	200.00
b. Idem de 1 à 600 mètres idem.	15.40	19.25	560	138.60
c. — 900 —	11.75	14.65	420	105.75
d. — 1,200 —	9.50	11.85	340	85.50
e. — 1,500 —	8.00	10.00	300	75.00
f. — 1,800 —	6.90	8.60	245	62.00
g. — 2,100 —	6.06	7.55	220	54.50
h. — 2,400 —	5.40	6.75	200	48 50
i. — 2,700 —	4.90	6 12	180	44.00
k. — 3,000 —	4.40	5.50	160	40.00

Naturellement lorsque les chemins sont mauvais, lorsque l'on a des pentes à gravir, les chevaux marchent avec plus de lenteur, on fait moins de travail et la réduction peut aller jusqu'à un tiers et au delà sur les chiffres inscrits dans ce tableau. On est aussi alors obligé de moins charger les chariots.

En jetant les yeux sur ce tableau, on voit que la quantité de fumier transporté en un jour n'est pas proportionnelle à la distance à parcourir; c'est ainsi qu'à 300 mètres on ne fait pas un nombre double de voyages qu'à 600 mètres : la raison en est qu'il y a des pertes de temps qui se renouvellent à chaque voyage, chaque fois que l'on change les chevaux de voiture, et ces pertes de temps sont naturellement d'autant plus considérables que les voyages sont plus nombreux, et par conséquent que la distance à parcourir est plus courte.

Les hommes préposés au chargement du fumier ne doivent pas attaquer les tas sur une trop grande étendue ; lorsque les fumiers sont disposés sur des plates-formes, on doit les entamer par *tranches* auxquelles on donne *peu de largeur* et qui auront naturellement la hauteur des tas ; en opérant de la sorte, on mélange plus intimement les fumiers des différentes espèces d'animaux disposés par couches successives, comme nous l'avons indiqué précédemment ; en outre, on évitera les pertes de temps, car les ouvriers auront un espace moindre à parcourir pour porter l'engrais au chariot : cet avantage serait perdu si l'on entamait le tas sur une trop grande largeur. Les chargeurs doivent aussi se répartir la besogne : ainsi, si trois ouvriers sont employés à cette opération, l'un d'eux détachera le fumier avec la pioche, et les deux autres le transporteront sur la voiture. Il est également essentiel de suivre un certain ordre dans le chargement, sans cela on serait exposé à perdre beaucoup de fumier sur le chemin. Les premières fourchées doivent toujours être mises bien à plat et en commençant par les deux extrémités du chariot où l'on forme deux espèces de pignons, et c'est par le centre que l'on termine. Cette disposition donne de la solidité à la charge, et l'on évite les dislocations pendant la marche des attelages.

Les chariots arrivés sur les champs déposent le fumier en monceaux ; ce travail doit s'exécuter avec la plus grande régularité, car la facilité de l'épandage et la bonne répartition de la fumure en dépendent. L'attention du chef des travaux doit se porter sur l'éloignement entre les tas, et lorsque l'on connaît la quantité de fumier que l'on veut consacrer au terrain, il est facile de calculer la distance qui doit séparer les tas et l'espacement à donner aux lignes suivant lesquelles les attelages doivent cheminer. Si l'exploitation ne possède pas un homme assez exercé pour marquer à l'œil les places où les tas doivent être déposés, il sera indispensable d'indiquer les lignes par un trait de charrue que les chariots devront suivre. Sur ces lignes on déterminera, au pas, les endroits où le charretier devra s'arrêter, ou bien, ce qui est plus simple, on prendra pour mesure la longueur de l'attelage, depuis les chevaux de devant ou de derrière jusqu'à l'extrémité postérieure du chariot. Cette mesure offre des subdivisions qui sont très-faciles à saisir et d'une précision suffisante.

Supposons maintenant que l'on veuille fumer à raison de 80,000 kilogr. par hectare. Comme il y a 100 ares dans un hectare, chaque are devra recevoir 800 kilogr. de fumier. Un homme peut facilement éparpiller le fumier sur un demi-are sans perte de temps; si donc nous espaçons les lignes à 7 mètres et si nous mettons entre les monceaux une distance également de 7 mètres, nous arriverons à une égale répartition de l'engrais. Par cette disposition, nous distribuerons le fumier sur un demi-are environ (49 mètres carrés), et chaque tas devra contenir 400 kilogr. Si le transport se fait au moyen de chariots portant 1,600 kilogrammes, chacun d'eux devra fournir quatre tas ou la fumure de deux ares de terrain.

Pour une fumure de 60,000 kilogr., les tas pourront encore se trouver à 7 mètres en tous sens, mais ils ne devront contenir que 300 kilogr. de fumier. En chargeant 1,500 kilogr. sur chaque chariot, on y trouvera de quoi former cinq tas.—Pour une fumure de 50,000 kilogr., on conservera la même distance entre les monceaux, mais ceux-ci ne contiendront plus que 250 kilogr. de fumier.

En procédant comme ci-dessus, on voit qu'il est facile d'arriver à une égale répartition de la fumure dès que l'on connaît la quantité d'engrais que l'on veut consacrer à l'hectare. Quant à la distribution en monceaux plus ou moins forts, elle n'offre pas de difficultés sérieuses; le chargement des voitures restant le même et le conducteur sachant qu'il doit le répartir en un certain nombre de tas, il arrive rapidement à opérer la division avec exactitude. Dans les terrains qui offrent une pente assez forte, il est très-souvent convenable de déposer une plus grande quantité de fumier sur les parties élevées, par cette raison que les sucs fertilisants ont une tendance à gagner les portions inférieures.

On doit recommander aux charretiers de nettoyer les roues avant de quitter la pièce où ils déposent le fumier, afin que celui qui y est attaché reste sur le champ et ne se perde pas sur les chemins.

Comme nous l'avons recommandé plus haut, il est très-avantageux de procéder à l'épandage du fumier aussitôt qu'il est déposé sur le sol. Ce travail doit être fait avec soin et l'on ne doit pas épargner les ouvriers; il faut veiller à ce que le fumier soit bien éparpillé et parfaitement divisé; on assure autant que possible la perfection de cette opération en faisant suivre les ouvriers par un homme qui divise les monceaux de fumier que ceux-là pourraient avoir négligés, et est rendu responsable de la bonne répartition de l'engrais.

§ VI.

Engrais sans litière.

L'humidité, la chaleur et la lumière sont trois agents indispensables à l'existence des plantes; si l'un de ces éléments vient à manquer, la végétation s'arrête, les plantes périssent. Les différentes régions du globe ne jouissent pas des mêmes influences, car ces trois agents ne sont pas également répartis à la surface de la terre, et par leurs combinaisons infinies, par la multiplicité de leurs proportions relatives, ils donnent naissance à cette diversité de climats qui se partagent l'univers. Toutes les plantes n'ont pas les mêmes exigences : les unes vivent dans les lieux bas et marécageux, les autres se plaisent sur les montagnes et les coteaux arides; celles-ci recherchent les climats brumeux du Nord, celles-là veulent mûrir leurs fruits sous le soleil brûlant des tropiques, etc. Enfin la sagesse prévoyante du Créateur a varié les productions, et chaque région a été dotée d'un certain nombre de végétaux qui profitent des influences qui la régissent.

Nous n'avons pas ici à nous occuper de la répartition des climats, ni du rôle dévolu à chacun des trois agents précités dans les phénomènes de la végétation; celui de l'humidité seul doit fixer notre attention, et nous allons l'esquisser, en bornant toutefois nos détails à ceux qui peuvent éclairer la question des engrais liquides.

L'eau est le grand dissolvant de la nature, et il existe peu de corps qui résistent à cette influence; le plus grand nombre, après un contact plus ou moins prolongé, lui cèdent une partie de leur substance qui passe alors à l'état de dissolution. C'est sous cette dernière forme que toutes les matières constituantes des organes s'introduisent dans les plantes pour concourir à leur développement. Les tissus si fins, si serrés des racines, où l'on ne découvre aucune ouverture, aucune solution de continuité, même en se servant d'instruments grossissants, ne peuvent se laisser pénétrer que par des corps qui jouissent d'une grande fluidité, et nous pouvons dire que toutes les substances que nous mélangeons au sol, amendements ou engrais, afin de favoriser le développement de nos plantes cultivées, ne peuvent remplir cet objet qu'après être arrivées à l'état de dissolution, ou, en d'autres termes, la nourriture des plantes, pour être absorbée, doit toujours être à l'état liquide. L'eau a donc été admirablement dotée sous ce rapport; jouissant de la propriété de dissoudre la plupart des corps de la nature, elle est le véhicule des éléments constitutifs des organes des végétaux. Mais sans emprunter le secours des substances étrangères qu'elle charrie dans l'intérieur des tissus, par elle-même elle est utile, indispensable à la végétation. En effet, c'est elle qui maintient les racines dans les conditions requises pour l'accomplissement de leurs fonctions; c'est elle qui donne la souplesse aux tissus et entretient leur vitalité, et, de plus, ses propres éléments se fixent dans les organes, favorisent la formation de certains principes qui nous sont fournis par les plantes, et concourent activement à leur développement; en un mot, l'eau est un engrais puisqu'elle offre une nourriture à nos récoltes; mais ses propriétés fertilisantes sont augmentées par l'addition de substances étrangères.

L'eau n'exerce pas seulement une heureuse influence sur le développement des végétaux, son action est également frappante sur les animaux. On peut, à cet égard, citer un fait que tous les cultivateurs'ont eu occasion d'observer. C'est que les fourrages qui n'ont pas subi la dessiccation, qui n'ont pas été fanés et par conséquent n'ont pas perdu leur eau de végétation, sont beaucoup plus nutritifs et exercent une plus heureuse influence sur le développement du bétail que les fourrages secs. Les fourrages verts cèdent, sans doute, plus facilement aux forces digestives; ils sont, comme on dit, plus assimilables que ceux qui ont subi la dessiccation et ont plus de consistance; mais peut-on refuser à l'eau contenue dans les premiers toute action nutritive? Nous ne le pensons pas, et l'on aurait, selon nous, grandement tort de prendre une conclusion différente. Nous dirons même, à ce propos, que la plupart des expériences tentées sur le bétail nous paraissent entachées d'inexactitude, parce que l'on a négligé de tenir compte de l'influence de l'eau ingérée sur les résultats obtenus.

Nous pourrions accumuler des faits nombreux pour démontrer les facultés nutritives de l'eau, mais nous craindrions de fatiguer l'attention du lecteur, et nous voulons avant tout éviter les développements scientifiques dans lesquels nous serions entraîné malgré nous. Les détails qui précèdent suffiront, ce nous semble, pour éveiller l'attention du cultivateur.

Si l'eau est un engrais, à plus forte raison les urines des animaux doivent être considérées comme tel. Les déjections liquides du bétail sont aussi constituées par de l'eau, mais cette eau a des propriétés spéciales à cause des substances étrangères dont elle est chargée. Les urines renferment une foule de matières très-utiles au développement des plantes; elles sont très-riches en matières organiques; elles tien-

nent par leur composition des déjections solides don
elles diffèrent par l'état sous lequel elles se présentent à nous; mais cet état est excessivement favorable
à la promptitude d'action de ces engrais, qui n'ont
pas, comme ceux dont nous nous sommes occupé précédemment, à subir la période de transformation qui
doit les rendre absorbables. Aussi les fumiers de ferme
diffèrent de ceux dont nous traitons en ce moment,
par des caractères bien tranchés; ceux-ci font immédiatement ressentir leurs effets aux récoltes auxquelles
on les applique, mais leur action est de courte durée;
ceux-là, au contraire, doivent changer d'état pour agir
sur les plantes, et cette modification s'opérant avec
lenteur, leur influence ne peut être aussi énergique
que celle des engrais liquides, mais elle se prolonge
davantage et se fait ressentir pendant plusieurs années.

Cette action rapide des engrais liquides a parfois
été regardée comme un défaut, mais nous ne partageons nullement cette manière de voir. Nous ne pré-
coniserons pas leur emploi exclusif, mais nous dirons
que dans certaines circonstances on peut très-avantageusement utiliser la propriété qui les caractérise, et
que le cultivateur qui ne prend pas des mesures propres à éviter leur déperdition, est coupable de négli-
gence et méconnaît ses propres intérêts.

La promptitude avec laquelle se manifestent les
effets des matières fertilisantes que nous incorporons
au sol peut-elle être regardée comme un défaut? Si
chaque année on pouvait transformer en récoltes tout
l'engrais qui sort des écuries, se déciderait-on à attendre le même résultat pendant deux, trois ou quatre
ans? Nous ne le pensons pas, et l'on ne contestera pas
notre opinion, si l'on nous accorde que dans toutes
les industries les opérations sont d'autant plus avan-

tageuses que l'époque de la réalisation des capitaux est plus rapprochée de leur engagement. En effet, les capitaux augmentés d'un gain sont rendus disponibles, ils peuvent être réengagés, et en supposant même que chaque réengagement apporte un intérêt peu élevé, au bout d'une période donnée, les béné-. fices se seront multipliés par des renouvellements successifs, et l'entrepreneur, quel qu'il soit, manufacturier, commerçant ou agriculteur, trouvera dans ses opérations des avantages qui lui eussent échappé par des engagements à longs termes.

Mais en matière agricole, les faits valent bien les raisonnements, et l'une des meilleures preuves que nous puissions fournir pour les engrais liquides, c'est la faveur dont ils jouissent dans les contrées renommées pour leur agriculture. Les plus beaux comtés de l'Angleterre, les plus riches cantons de la Suisse et nos Flandres sont précisément les pays où la réputation des déjections liquides du bétail est la plus grande et où leur emploi est le mieux entendu. Nous ne nions pas que les circonstances n'influent sur l'estime qu'on leur accorde, mais toujours est-il que dans bien des conditions leur application intelligente offre des avantages incontestables. Nous devons ici faire justice d'une opinion erronée généralement répandue dans nos campagnes, et qui consiste à regarder les pays vantés pour la richesse de leur production et la prospérité de leur agriculture comme jouissant d'un sol pourvu d'une grande fécondité. Certes le sol influe sur les produits, mais elles sont rares les terres qui peuvent se couvrir de belles récoltes sans recevoir d'abondantes fumures, et qui n'exigent de la part du cultivateur que peu de soins et de préparations. On peut dire que normalement la fertilité du sol procède du travail de l'homme et de l'application intelligente des engrais. A l'appui de cette assertion, nous pouvons citer les Flandres, dont le terrain naturellement stérile a acquis une si haute fécondité dans les mains de nos actifs et laborieux Flamands. On pourra se faire une idée de l'état primitif de ces provinces aujourd'hui si productives, en parcourant les parties incultes qui y existent encore actuellement.

Que le cultivateur médite ces courtes observations, elles sont de nature à éveiller son attention ; ce sont des faits que la pratique a sanctionnés, et en les méconnaissant, le laboureur diminue ses succès, car par là même son activité se trouve ralentie.

Les détails qui précèdent sont suffisants, ce nous semble, pour démontrer l'importance des déjections liquides et faire apprécier leur rôle dans les phénomènes de la végétation. Il nous serait facile de multiplier les renseignements qui s'y rapportent, mais nous craindrions d'abuser de l'attention du lecteur en insistant plus longuement sur ce sujet. Nous allons maintenant nous occuper de la récolte, de la conservation et de la manière d'utiliser ces précieux engrais, en nous appuyant sur les méthodes usitées dans les localités où leur emploi est le plus répandu.

L'état sous lequel les engrais liquides sont appliqués au sol, ou plutôt la manière de les préparer est loin d'être uniforme ; elle diffère au contraire suivant les pays. On peut toutefois réduire à quatre principales les méthodes de préparation ou d'utilisation généralement en usage. L'*engrais flamand*, dont nous nous sommes occupé en traitant des matières fécales et sur lequel nous ne reviendrons pas ici, rentre évidemment dans la catégorie des engrais liquides. Les *urines* peuvent être employées isolément, sans l'addition d'aucune espèce d'excréments solides. Ailleurs elles sont réunies au suint ou jus des fumiers et utilisées sous le nom de *mare*, et enfin, dans quelques contrées, les purins sont mélangés aux déjections solides du bétail, et c'est à ces mélanges, qui, en Suisse, jouissent d'une grande réputation, que s'appliquent les dénominations de *lizée, lizier* ou *gelée de purin*.

Dans la plupart des exploitations où l'on recueille les urines, on ne distrait de la production du fumier que la partie qui n'est pas absorbée par la litière et ne peut nuire en aucune manière aux qualités de l'engrais, et l'on évite ainsi la déperdition d'une partie des déjections du bétail.

La nourriture administrée aux animaux influe directement sur la quantité des déjections liquides. Les aliments aqueux, l'herbe verte, les résidus des brasseries, des distilleries, etc., provoquent une abondante sécrétion des urines, et les cultivateurs soigneux doivent alors prendre les dispositions nécessaires pour recueillir un excédant qui n'est pas absorbé par la litière.

Comme on ne peut immédiatement répandre ces liquides sur les terres, il est indispensable de posséder plusieurs réservoirs où ils puissent s'accumuler et subir un certain degré de fermentation qui rend leur emploi moins dangereux. Pendant cette putréfaction, il y a nécessairement perte de certaines parties constituantes des urines, et l'on pourrait très-facilement éviter cette déperdition en faisant usage de la couperose et du plâtre, substances dont nous avons déjà conseillé l'emploi en traitant de la désinfection des matières fécales. Pour chaque hectolitre d'urine, il suffit de projeter dans la fosse 40 à 50 grammes de plâtre en poudre ou 35 à 40 grammes de vitriol de fer (couperose). On agite le liquide avec un bâton au moment de l'addition de ces matières.

Les urines fraîches ont une action trop énergique et brûlent les plantes sur lesquelles on les applique; mais si l'on a soin, avant de les employer, de les étendre de quatre fois leur volume d'eau, le danger disparaît complétement.

Lorsque l'on recueille les urines des bestiaux, et c'est ce qui doit avoir lieu dans toute exploitation bien tenue, on doit avoir au moins deux réservoirs dans lesquels elles s'accumulent. Pendant que l'une des deux citernes s'emplit, les liquides contenus dans l'autre fermentent et se bonifient en perdant leur propriété corrosive. Dans les petites exploitations, où l'on ne peut faire les dépenses exigées pour la construction des citernes, on les remplace au moyen de tonneaux que l'on enterre aux abords des étables et écuries, dans des parties déclives où ils puissent admettre les urines qui s'en écoulent. On peut également diriger celles-ci vers le tas de fumier, où elles s'unissent au suint et constituent alors de la mare.

On répand fréquemment, dit Dombasle, les urines sur les trèfles, les luzernes, les sainfoins; en alternant cet engrais avec le plâtre, on produit sur ces plantes des effets qui paraissent prodigieux; on obtient dans les sables les plus stériles d'aussi abondantes récoltes que dans les terres les plus fertiles. Pour les pommes de terre, on répand ordinairement les urines sur le sol après la plantation et quelquefois seulement avant le buttage; et dans les terres très-légères, on obtient ordinairement de très-belles récoltes.

C'est surtout aux sols légers, sablonneux ou calcaires que les urines sont avantageuses; elles donnent plus de consistance aux terrains de ce genre et les disposent à retenir l'humidité.

Lorsque les purins ne sont pas recueillis dans des réservoirs spéciaux, on les dirige vers la fosse à fumier; par cette disposition, on régularise l'humidité dans les tas, car on est toujours maître de leur rendre celle qu'ils perdent pendant les fortes chaleurs; toutefois, nous condamnons cette pratique qui consiste à faire affluer dans les fosses des liquides surabondants sous lesquels le fumier disparaît souvent, car elle nous paraît contraire à l'obtention d'un bon engrais. Il est infiniment préférable de recevoir les urines qui arrivent des étables et écuries dans une excavation établie à proximité des tas et disposée de façon que les jus de fumier puissent également s'y déverser. Les liquides accumulés dans ce réservoir servent à arroser les tas lorsque le besoin s'en fait sentir, ou sont transportés sur les terres : c'est à ces fluides que Schwertz donne le nom de *mare*. Nous emprunterons à cet illustre praticien les renseignements qui vont suivre.

« La mare, dit-il, se distingue du purin, ou des urines pures, en ce qu'elle contient, en outre, une certaine proportion des parties les plus subtiles des déjections solides, et constitue, par conséquent, un engrais, sinon plus énergique, du moins d'un effet plus durable que le purin. Par l'addition d'excréments humains, on élève de beaucoup la puissance de la mare, et la disposition dont nous venons de parler rend cette pratique très-facile. Il suffit de construire les latrines des ouvriers de manière à ce que leurs excréments tombent dans le réservoir. » (Nous renvoyons à l'*engrais flamand*, pour ce qui concerne cette préparation.)

Autant l'urine et la mare sont précieuses comme engrais, lorsqu'on attend leur décomposition et qu'on les étend convenablement d'eau, autant leur action est nuisible lorsqu'on les met en contact avec les plantes et les jeunes arbres avant cette décomposition et sans les mélanger avec de l'eau. Cela tient à une forte proportion de substances corrosives, qui font la base des urines et qui se décèlent dans les écuries de chevaux et les étables de moutons par leur odeur pénétrante. Mais, par la fermentation, la surabondance des parties alcalines se dégage, les acides libres sont fixés par les alcalis et se dissolvent en substances fertilisantes. Nous recommanderons encore ici l'emploi des matières citées plus haut, nous voulons dire le plâtre et la couperose.

La mare convenablement fermentée et étendue d'eau peut être appliquée à toutes les cultures; seulement, il faut choisir pour cette application un temps pluvieux. On les répand sur les céréales semées qui n'ont pas encore reçu d'engrais, aussi bien en hiver qu'au printemps, pourvu qu'il ne gèle pas, et dans ce cas même, lorsque la terre est couverte de neige. Quand les chariots qui la transportent creusent de profondes ornières, on les voit bientôt disparaître par la seule action de la mare. On l'applique aussi aux terres préparées pour les betteraves, et, avec grand avantage, aux orges. Sur ces dernières, on peut la répandre jusqu'à la formation des épis. Il est d'expérience que la mare produit plus d'effet sur les céréales pendant leur croissance qu'avant la semaille. Cette nourriture, si étendue et presque digérée, est toute prête pour la consommation par les plantes. Par une application prématurée, une partie de cette précieuse nourriture est abandonnée à l'évaporation. Un champ maigre, arrosé opportunément de mare, produit une riche récolte de pommes de terre. Bref, la mare est applicable partout et presque toujours bonne pour toutes les plantes, et nuisible pour aucune. Une fumure de mare est plus active qu'une fumure d'engrais ordinaire; mais elle n'est pas aussi durable, et après la récolte à laquelle elle a été appliquée, il n'y a guère de traces à en retrouver. D'après les expériences d'économie rurale de Moellinger, on peut admettre que la valeur d'un champ engraissé de mare est à celle d'un champ engraissé de fumier, comme un est à quatre, non quant à la vigueur de l'effet, mais quant à la durée.

« L'effet d'une fumure de mare, dit Schmalz, s'est toujours montré très-énergique dans mes expériences. En faisant passer deux fois la voiture à arroser attelée de deux bœufs, dont la marche plus lente faisait répandre une plus grande quantité de mare que le pas plus précipité des chevaux, la fumure se trouvait trop forte pour des terres non complétement épuisées, et produisait infailliblement des seigles versés. »

La rareté de la paille, la culture des prairies sur une grande échelle ont probablement donné l'idée de cette préparation que nous avons désignée sous le nom de *lizier* ou de *lizée*, et qui consiste dans le mélange des déjections solides et liquides des bestiaux et l'addition d'une certaine quantité d'eau pour faciliter la distribution de la masse. Dans l'opinion de Schwertz, l'eau ne fut d'abord ajoutée que pour un motif de propreté, et afin d'enlever plus facilement et plus promptement les excréments. « Plus tard, dit-il, on s'aperçut que le rôle de l'eau ne se bornait pas à l'action de rendre les excréments plus fluides, surtout lorsqu'on les recueillait tout frais et encore chauds; on s'aperçut que la température des étables contribuait également à produire un mélange plus intime de toutes les parties et à hâter la fermentation du mélange, etc.

« Quoi qu'il en soit, ajoute cet agronome, cette espèce d'engrais s'est maintenue et répandue depuis un siècle en Suisse, et est devenue, suivant Tschiffelis, la source de la prospérité et de l'aisance toujours croissante des habitants des environs du lac de Zurich. Il y a cependant quelque exagération dans les louanges données à cette pratique par quelques prôneurs des idées nouvelles en agriculture, qui n'y voient pas seulement la source de la richesse de toute la Suisse (bien qu'elle ne soit suivie que dans une partie de ce pays), mais d'une régénération agricole du monde entier, et qui veulent qu'on transforme tout en engrais liquide. Il en est de cette pratique comme de toutes choses, la vérité est entre les extrêmes. »

Nous ferons connaître cette méthode en entrant dans tous les détails qu'elle comporte, parce que nous croyons qu'elle peut être avantageusement appliquée dans certaines parties de la Belgique, notamment dans le pays de Herve. Les indications qui suivent sont, pour la plupart, empruntées à l'ouvrage du baron Crud, sur l'*Économie rurale*.

Le sol des étables, dans les exploitations où l'on prépare le lizier, offre une légère inclinaison de l'avant à l'arrière des animaux ; immédiatement derrière ceux-ci règne une rigole en bois parfaitement horizontale, large de 3 décimètres sur une profondeur de 2. Sous cette rigole et sous l'allée de l'étable, sont établis cinq réservoirs ou purinières dont les dimensions varient nécessairement en raison du nombre de têtes de bétail, mais qui ont généralement de 12 à 16 décimètres d'ouverture sur autant de profondeur. La rigole est percée d'ouvertures que l'on ouvre et que l'on ferme à volonté, par lesquelles elle peut communiquer avec les différents réservoirs. On creuse de préférence les fosses à lizier sous le sol des étables, pour leur procurer une température plus élevée et mettre à l'abri de la gelée les liquides qui y sont accumulés. Comme dans la préparation de la gelée on a besoin d'une forte quantité d'eau, des dispositions doivent être prises pour l'amener dans les étables.

On étend la litière sous le bétail; mais, chez les vaches en particulier, ce n'est guère que la partie de cette litière placée sous le derrière de la bête qui reçoit les excréments et se salit beaucoup. A mesure que les animaux laissent tomber de gros excréments, le valet qui soigne le bétail tire ces excréments sans la paille dans la rigole, où, d'ailleurs, les urines se rendent d'elles-mêmes; avant que la rigole soit à moitié pleine, et au moins une fois par jour, le valet introduit dans cette rigole une quantité d'eau égale à celle des excréments; puis, il les brasse soigneusement ensemble, de manière à en faire une sorte de bouillie brune, qu'il fait ensuite couler dans la fosse destinée au purin de la semaine; il remplit de nouveau la rigole d'eau et la lave soigneusement, afin que l'eau se charge de tous les sucs qui y étaient demeurés, et il fait couler cette eau dans la purinière. De cette manière, il y a toujours environ trois parties d'eau avec une d'excréments. Lorsque ces excréments proviennent de bêtes à l'engrais, on ajoute une partie d'eau de plus. On réunit ainsi dans une même fosse les purins de toute une semaine, pour les y laisser subir leur fermentation qui exige pour son accomplissement de quinze jours à un mois, suivant la saison. Sous l'influence d'une température froide, la fermentation se trouve ralentie.

La durée que nous venons d'assigner à la fermentation, explique la nécessité de cinq réservoirs dans les exploitations où l'on se livre à la préparation du lizier.

Il reste toujours attachée à la paille une plus ou

moins grande quantité d'excréments : ordinairement deux fois par semaine, le valet enlève la partie de la litière ainsi salie, en laissant celle qui, placée au-devant des bêtes, est restée à peu près dans son état primitif. Il tire cette première dans la rigole, et là il la foule avec ses pieds, puis il la retourne avec un tri-dent ou de toute autre manière, de façon qu'aucun brin ne reste sec et que le tout se charge de déjec-tions délayées. La litière sortie de la rigole est dé-posée le long du bord opposé aux animaux, en petits tas, afin qu'elle s'égoutte et que le liquide qui en suinte rentre dans la rigole. Cette litière est ensuite enlevée et transportée au tas de fumier, où on l'étend régulièrement, en ayant soin de la tasser fortement et aussi uniformément que possible, afin d'éviter la moisissure. Outre cela, toutes les fois que le tas a l'apparence d'en avoir besoin, le valet l'arrose au moyen des égouts qui en proviennent et qui, le plus souvent, se déversent dans une excavation ménagée au centre du tas.

Tous les purins d'une semaine sont donc réunis dans une même citerne, où ils doivent séjourner environ un mois avant d'être employés. La fermenta-tion se déclare bientôt dans cette masse liquide, mais elle est peu énergique, à cause de la grande propor-tion d'eau qu'elle renferme, et passerait réellement inaperçue, si elle n'était décelée par une légère agi-tation à la surface et le dégagement de quelques bulles de gaz. Les déperditions sont donc peu consi-dérables et leur importance se trouve encore réduite par l'introduction dans les purinières d'une certaine dose de couperose, à laquelle toutefois nous préfé-rons le plâtre, lorsque l'on peut se le procurer à un prix modéré. Pendant la fermentation, il se forme à la surface une espèce d'écume qui surnage et se réunit au sédiment déposé dans le fond du réservoir, lorsque l'on a enlevé tout le purin de la fosse au moyen d'une pompe. Ce résidu est enlevé et étendu sur le tas de fumier. L'addition hebdomadaire de ce sédiment au fumier, rend le besoin d'arroser celui-ci beaucoup moins fréquent.

Lorsque le purin a accompli sa fermentation, il peut se conserver pendant plusieurs mois, mais il est à peine nécessaire de faire remarquer que l'on doit employer ces engrais le plus tôt possible. D'ailleurs, pour en faire des provisions, il faudrait posséder de grands réservoirs qui ne s'établissent pas sans de fortes dépenses. Le lizier produit surtout d'heureux effets sur les terres légères et perméables, mais son application est loin d'être aussi avantageuse aux terres fortes et tenaces. Il est moins corrosif que l'urine; toutefois, son emploi ne dispense pas de certaines précautions, surtout lorsqu'on l'applique à des plantes nouvellement levées.

Une recommandation qu'il ne faut pas perdre de vue, c'est que l'on ne devra pas déranger le fond du réservoir lorsque l'on enlève l'engrais liquide. « Dans le but fondé en apparence, dit Schwertz, d'augmenter la force de cet engrais, j'ai plusieurs fois fait remuer le fond et bien brasser ce dépôt avec la masse du liquide. J'en ai fait répandre sur de la navette qui avait développé environ quatre feuilles; mais, partout où le mélange plus épais était tombé, il se formait une croûte qui attachait les jeunes plantes à la terre et les empêchait de s'élever. Plus tard, il se montrait sur le champ une sorte de tissu blanchâtre, formé de fibres incomplétement décomposées. Il me fallut toujours repiquer un certain nombre de places où la navette manquait complétement. Quand bien même ce tissu de fibres n'est pas assez fort pour empêcher la croissance du chanvre et des plantes herbacées; il suffit pour en rendre la nourriture moins agréable aux bestiaux, lorsque la pluie n'a pu complétement enlever ces débris fibreux.

« Mais aucun des inconvénients du fumier liquide, ajoute cet agronome, soit une propriété trop corrosive lorsqu'il est frais, soit un mélange de substances incomplétement décomposées, n'est à craindre si on l'applique immédiatement avant ou au moment même de la semaille. D'après mon expérience, cette pratique est la meilleure pour les navets, la navette, les betteraves, le lin et le chanvre. Lorsque le dernier labour pour ces plantes est donné, on répand le liquide, on travaille le sol avec la houe à cheval, ou bien on donne un fort coup de herse, on sème et on recouvre à la herse. »

Fig. 12. — Tonneau flamand pour les engrais liquides.

Les engrais liquides sont répandus sur les prés et les terres arables au moyen d'un tonneau placé sur un chariot traîné par des chevaux ou des bœufs. Cette opération est très-importante et demande à être faite avec beaucoup de soin pour obtenir une bonne répartition de la fumure. La force de la fumure est déterminée par la marche plus ou moins rapide de l'attelage. Lorsque le véhicule est traîné par des bœufs, la quantité de liquides répandus est plus forte que lorsque l'on se sert de chevaux. Les accidents de terrain influent aussi sur cette distribution, car en gravissant une pente la marche des attelages est nécessairement ralentie, et il s'écoule une plus forte quantité d'engrais.

Fig. 13. — Tonneau d'arrosement.

Les observations que nous avons présentées en parlant de l'emploi des urines, s'appliquent également au lizier.

Schwertz, grand partisan des engrais liquides, termine le chapitre qu'il leur consacre dans son livre, par un parallèle entre les avantages et les inconvénients de ces fumiers, que nous croyons devoir mettre sous les yeux de nos lecteurs, en écartant toutefois les propositions qui nous paraissent inadmissibles ou exagérées.

Avantages du fumier liquide.

1. Si l'avantage du fumier solide, et particulièrement du fumier long, consiste dans la durée de ses effets, celui du fumier court, et surtout du fumier

14.

liquide, consiste dans la promptitude de son action. Pour beaucoup de plantes, ce dernier avantage est le plus important. Le chanvre, le lin, les choux, la navette, les navets, les plantes fourragères, en un mot toutes celles dont la croissance est rapide, exigent de suite une nourriture suffisante et ne peuvent attendre que le fumier solide se soit décomposé pour leur en donner une qui leur convienne. Ce n'est donc pas un petit avantage pour le cultivateur d'avoir devant les mains les espèces d'engrais qu'il lui faut, ainsi de pouvoir donner à ses cultures, suivant le besoin, du fumier liquide, c'est-à-dire une nourriture déjà décomposée et toute prête, et du fumier solide, destiné à n'achever sa décomposition que dans la terre et à mesure des besoins moins pressants de certaines plantes. C'est l'avantage dont dispose toujours le cultivateur qui fonde son exploitation sur la préparation du fumier liquide, parce que cette préparation ne l'empêche pas de produire une quantité suffisante de fumier solide. On a voulu, il est vrai, disputer à la litière lavée, en la réputant privée de la force productive attribuée aux déjections animales, la propriété fertilisante à un degré suffisant; on aurait été dans le vrai, si on s'était contenté de la regarder comme moins énergique que le fumier solide ordinaire. Cette litière, ou, pour mieux dire, le fumier dans lequel elle se change, est beaucoup meilleur qu'on ne le suppose; cette litière, souvent travaillée et comme brassée avec les déjections, plus brisée et plus fortement tassée, subit une fermentation plus égale et meilleure que le fumier ordinaire.

2. Bien que je sois éloigné d'attribuer une valeur égale aux deux espèces de fumier solide, car, si cela était, le fumier liquide serait un bénéfice net, ce qu'on ne peut sérieusement soutenir, on ne peut pas nier

cependant que la préparation du fumier liquide, combinée avec la production du fumier solide qui en ressort, n'ait pour résultat final *une plus grande masse de substances nutritives pour les plantes;* à moins qu'on ne s'obstine à ne pas admettre l'action de l'eau décomposée, la perte moindre par l'évaporation, à raison du passage immédiat de la majeure partie des déjections dans les réservoirs, la fermentation moins chaude et plus régulière. Suivant cette double dénégation, il serait indifférent que l'eau et les excréments fussent portés séparément ou à l'état de fumier liquide sur les champs : chose qu'un Suisse ne pourra jamais faire cadrer avec son expérience de l'application et de l'effet des engrais.

3. Le troisième avantage de la préparation du fumier liquide, consiste dans l'accélération du mouvement des cultures, par la promptitude de son action.

4. Le quatrième avantage d'une exploitation fondée sur la préparation du fumier liquide, c'est qu'elle a, toujours prêt, le remède qui manque aux autres; c'est qu'elle peut venir, au printemps, au secours des plantes qui souffrent, et changer leur couleur jaune en une belle couleur verte, métamorphose qu'il est impossible d'opérer à cette époque avec le fumier ordinaire.

5. Pour les prairies et les trèfles, le fumier liquide, en même temps que le compost bien traité, constitue la seule fumure qui n'entraîne pas une véritable dilapidation : car, outre que l'addition d'eau est par elle-même déjà une bonne chose pour les plantes fourragères, elle sert encore de conducteur pour porter, sans perte de temps, à leurs racines les substances nutritives que l'eau a servi à étendre et à dissoudre. Ceux qui ont longtemps fumé des prairies, en les couvrant,

au printemps, de fumier ordinaire, savent, du reste, le peu de résultat de cette fumure lorsque la saison est restée sèche, et que c'est, dans ce cas, du fumier presque perdu. Une telle dilapidation est rendue impossible par la préparation du fumier liquide.

6. Comme dans la préparation du fumier liquide, l'eau se charge de la plus grande partie des déjections, elle fait économie d'une quantité proportionnelle de litière, et cette économie, je la regarde comme très-importante dans les pays et dans les années qui produisent peu de paille, ainsi que dans beaucoup d'autres circonstances.

Inconvénients.

Mais, comme il ne faut pas plus s'aveugler sur les défauts que sur les qualités de ses amis, je dois indiquer ici les inconvénients de la préparation du fumier liquide.

1. Les avances considérables qu'il faut faire pour la construction des réservoirs et la disposition particulière des étables.

2. Là où l'eau ne peut pas arriver par les conduits jusqu'aux rigoles, où il faut l'y apporter, là surtout où il faut employer des ouvriers exprès, là disparaissent tous les avantages. Là où manque la quantité d'eau nécessaire, la préparation du fumier liquide est absolument impossible.

3. Le charriage d'une très-grande masse de liquide, qui, au bout du compte, contient moins de substance nutritive qu'un volume égal de bon fumier ordinaire, nécessite, pour une exploitation un peu considérable, l'entretien d'un plus grand nombre d'attelages. Cet inconvénient est d'autant moins à considérer indifféremment, que la fumure ordinaire

tient plusieurs années, tandis qu'il faut renouveler la fumure liquide à chaque culture. On voit quel travail de charriage il en peut résulter lorsqu'on a des terres éloignées, de mauvais chemins, etc.

4. A cet inconvénient s'en joint un autre qui l'aggrave, celui de ne pouvoir enlever et charrier en tout temps le fumier liquide. Les jeunes plantes n'en supportent l'application que par les temps humides, et, par ces temps, les champs et les prés ne peuvent, le plus souvent, supporter sans dommage le passage de lourdes voitures. Quant au charriage, le temps de la gelée est le meilleur; mais alors une grande partie de l'action est perdue, si la terre n'est pas couverte de neige.

Aux observations de Schwertz nous en ajouterons une dernière qui nous paraît très-importante : l'application des engrais liquides aux céréales est loin d'être sans danger, et le cultivateur doit y procéder avec beaucoup d'attention. Quand on les destine à ce genre de plantes, il faut avoir soin de les étendre d'une suffisante quantité d'eau, sinon ils développent une trop grande énergie, les récoltes poussent vigoureusement, deviennent trop drues, et sont sujettes à verser; aussi, recommanderons-nous d'appliquer préférablement ces engrais aux plantes qui ne sont pas exposées à cet accident, aux herbages, par exemple, ainsi qu'aux récoltes qui n'ont rien à redouter d'une fumure riche et dont l'action est très-prompte.

Après avoir examiné les qualités et les défauts des engrais liquides, l'agronome allemand résume son opinion dans les *conclusions* suivantes : « Quoique je ne puisse, dit-il, fonder mon opinion sur une expérience assez longue pour la donner comme parfaitement éclairée, il paraît assez clair à mes yeux :

1° que l'engrais liquide gagne en quantité et en qualité; en d'autres termes, il ressort de cette manière de préparer le fumier une plus grande quantité de substances nutritives pour les plantes que de la manière ordinaire; 2° que le cultivateur dont les dispositions sont bien faites a toujours sous la main, selon les circonstances, du fumier liquide ou du fumier ordinaire; 3° qu'il lui est toujours possible de venir au secours d'une végétation en souffrance; 4° qu'il peut toujours donner aux plantes qui demandent une nourriture abondante et toute prête le degré de vigueur convenable; 5° que le mouvement du capital des engrais est au moins une fois plus prompt, circonstance à laquelle on ne saurait donner trop d'attention; 6° que le fumier liquide est le seul convenable aux herbages et aux plantes fourragères, et le seul qui leur soit applicable sans dilapidation; 7° par conséquent, que ceux qui ont leurs champs et leurs prés à portée de leur ferme, un terrain léger, surtout lorsqu'il leur importe de produire des fourrages, ne doivent pas hésiter à baser leur exploitation sur la préparation du fumier liquide; 8° enfin, que ceux qui nourrissent principalement leurs bestiaux des déchets de certaines fabrications, de marcs et des lavages de distillations, de brasseries, et tous ceux qui manquent de litière, ne peuvent que profiter à entreprendre cette préparation.

Au contraire, il y aura peu de profit, il pourra y avoir perte même, pour ceux qui ont leurs champs situés au loin, de mauvais chemins pour y arriver, un terrain lourd et argileux à cultiver, dont l'exploitation repose plus sur la production des céréales, qui ne nourrissent pas à l'étable et qui ne peuvent donner en hiver que de la paille ou une nourriture peu substantielle. Mais il ne s'ensuit pas de là que, dans de telles conditions, on doive laisser couler sur la rue

ou se perdre inutilement les urines et la mare, pour
lesquelles il se trouve toujours, dans quelques conditions que ce soit, une application utile et profitable.

Beaucoup de personnes feront valoir contre la préparation du fumier liquide les difficultés de cette
préparation même ; mais l'expérience fait justice de
cette objection. Là où les valets sont dans la bonne
habitude de panser soigneusement les bestiaux, ils
trouveront moins pénible d'enlever à mesure leurs
déjections, que d'avoir à enlever de leur poil celles
qui s'y attachent ; ils ne trouveront pénible que le
piétinement et le brassage de la litière dans les
rigoles. On peut d'ailleurs leur épargner ce travail,
en veillant à ce que la litière soit bien fatiguée et
tassée seulement avec la fourche ; mais il faut que
cette condition soit bien remplie.

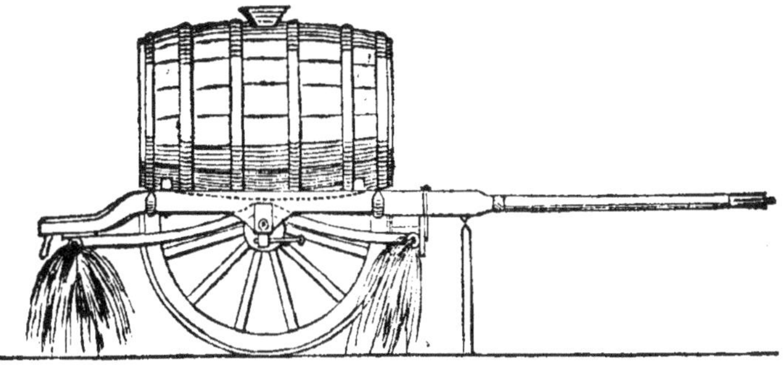

Fig. 14. — Voiture d'arrosement pour les rues.

On a imaginé, pour répandre les engrais liquides
sur les prairies et les terres arables, différents instruments, mais le plus fréquemment on fait usage d'une
charrette à tonneau, semblable aux voitures dont on
se sert dans les villes pour arroser les rues et les
places publiques pendant les fortes chaleurs. Nous

n'avons nullement l'intention d'exposer les différents procédés de distribution des déjections liquides, mais nous croyons faire chose utile et agréable aux lecteurs en présentant ici le dessin et la description de la voiture à la brabançonne (fig. 15 et 16), que l'on trouve dans les *Préceptes d'agriculture* de Schwertz.

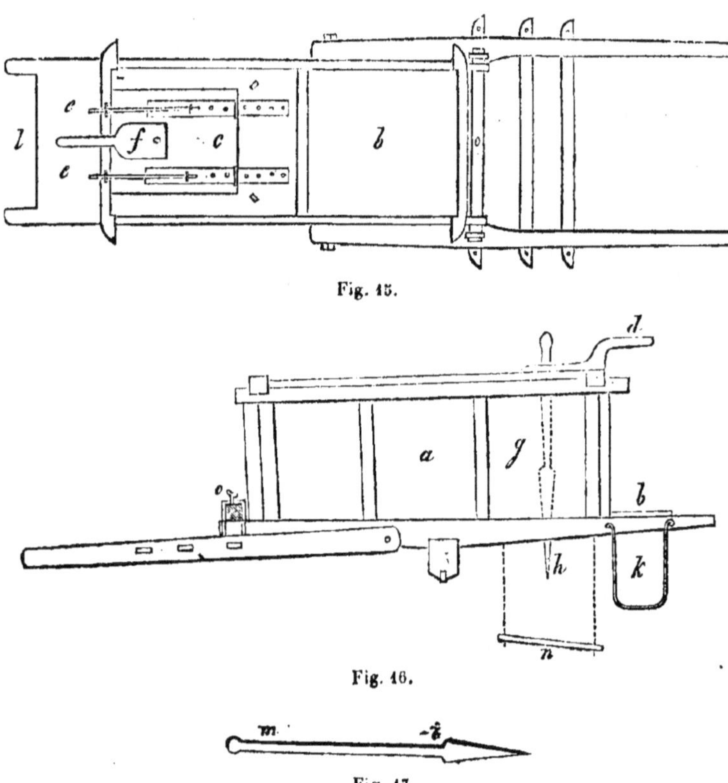

Fig. 15.

Fig. 16.

Fig. 17.

« *a.* Représente la caisse imperméable, dont les planches sont assemblées à rainures, et qui, pour sa conservation, doit être peinte à l'huile. Elle a, dans œuvre, 162 centimètres de long, 68 centimètres de large, et 55 centimètres de haut. Sur une surface plane, elle peut être tirée sans effort, tout à fait remplie, par un bon cheval. Lorsqu'il s'agit de la conduire dans des terres fraîchement labourécs et à une grande distance, il est bon d'atteler un cheval de renfort.

« *b*. Le couvercle fixe.

« *c*. Le couvercle mobile, qui se renverse sur le couvercle fixe, lorsqu'il s'agit de remplir la caisse.

« Ce couvercle mobile porte :

« *d*. Poignée pour soulever le petit couvercle. Elle doit être un peu élevée, de manière à ce que le petit couvercle, rabattu sur le grand, n'y pose pas tout à plat et soit d'autant plus facile à mouvoir.

« *ee*. Deux verrous de bois, pour fermer le petit couvercle.

« *f*. Trou percé à travers la poignée et le petit couvercle, afin de pouvoir manœuvrer la bonde sans déranger le couvercle, et empêcher le liquide de se jeter au dehors par le mouvement de la voiture, ce qui serait inévitable, s'il fallait lever le couvercle pour manœuvrer la bonde. Il faut que ce trou ne soit pas trop grand, mais cependant assez pour que le mouvement du couvercle soit également facile.

« *g*. La bonde passant à travers toute la caisse.

« *h*. La pointe de la bonde dépassant le plancher de la caisse. Le trou qu'elle sert à boucher doit avoir un diamètre moyen de 7 centimètres, et, à raison de la forme conique de la bonde, il doit être plus large en haut qu'en bas.

« *i*. (Fig. 17.) Représente la bonde à l'échelle d'un vingtième. Sa longue pointe n'est pas sans objet. Il arrive souvent que, par une cause ou l'autre, la marche sur les champs est suspendue, ou qu'il faut tourner court, et dans ce cas il faut |pouvoir arrêter promptement l'écoulement du liquide. Il arrive aussi, souvent, que des brins de paille, ou quelque portion épaissie du liquide, obstruent le trou de bonde et qu'il est nécessaire de le dégager : mais cela ne peut se faire que par en haut, comme on ne peut aussi boucher le trou de bonde que par en haut. Il s'en-suit que, cette opération se faisant à travers le liquide renfermé dans la caisse, on aurait de la peine à retrouver le trou de la bonde, si l'extrémité même de la bonde n'y restait toujours un peu engagée. C'est pourquoi la pointe de cette pièce est allongée, ce qui permet de fermer très-promptement et de s'en servir en même temps comme dégorgeoir. Un garçon, monté sur la planchette de derrière, au moyen de l'étrier *k*, fait fonctionner la bonde suivant les cir-constances. Afin que la bonde ne s'élève pas trop haut et que sa pointe ne quitte pas l'orifice supérieur du trou, elle est percée en *m* d'une mortaise, dans laquelle on passe un petit coin en bois. La plan-chette destinée à briser le jet de liquide a 44 centi-mètres en tout sens, et est suspendue par trois chaînettes, deux par devant et une par derrière. Cette dernière doit être en deux pièces, dont l'une munie d'un crochet, de manière à ce qu'on puisse en changer la longueur à volonté, pour régler l'inclinaison de la planchette. Lorsqu'elle est horizontale, l'eau s'étale davantage sur les côtés ; elle se rassemble d'autant plus vers le milieu, qu'on lui donne une plus grande inclinaison. On conçoit que cette inclinaison se règle facilement selon l'effet qu'on veut produire. Le plus ordinairement, on suspend le devant de la planchette à 50 centimètres au-dessous du plancher de la caisse, et le derrière 4 centimètres plus bas. Avec cette incli-naison, le liquide se répand sur une largeur de 2 mètres.

« Pour éviter l'enfoncement des roues, on donne ordinairement des jantes larges. Il faut que l'essieu soit en fer, les propriétés du liquide faisant pourrir promptement les essieux en bois, qui, à cet usage, durent à peine deux ans.

« La caisse du chariot **est** jointe à genouillère avec le brancard, ce qui n'est pas absolument indispensable, mais offre plusieurs avantages. Le travail fini, on peut faire basculer la caisse et la vider complétement; dans les descentes, lorsque le liquide est entraîné de tout son poids vers le cheval, on peut rétablir le niveau et l'équilibre, en retirant la barre *o*, et en la plaçant plus ou moins avant sous la caisse, entre celle-ci et le brancard. »

FIN DE LA PREMIÈRE PARTIE.

TABLE DES MATIÈRES.